とちぎの探鳥地ガイド

バードウォッチングに行こうよ!

日本野鳥の会栃木[編]

随想舎

はじめに

野鳥は、自然の中であるがままに生きています。四季折々、いろいろな場所で自然に生きる鳥たちを探し、風景や他の動植物とともに、その姿形や声を楽しむ。そんな野鳥たちとの出会いは、ある時は喜びであり、驚きであり、また、ある時は大きな慰めになって、私たちの心や日々の生活をより豊かにしてくれます。

海こそないけれども、栃木県には2000mを越える山岳地帯から豊かな里山や平地林、大河川や湖、広大な湿地帯まで、多様な環境があります。そこに生息している野鳥たちを探して、そっと観察する。それが「探鳥会（バードウォッチング）」です。また探鳥会などに適した場所を「探鳥地」と言います。

日本野鳥の会栃木では、現在年間160回もの探鳥会をこうした探鳥地で開催していますが、このガイドブックでは、県内の数ある探鳥地の中から33カ所を選び、その代表的な探鳥コースや出会える鳥を紹介しました。どれも、安全安心に野鳥の観察が楽しめるおすすめの所です。

探鳥会では、野鳥だけでなく、その地のさまざまな動植物や風景、地形や岩石、文化・歴史まで、折に触れ学んだり鑑賞したりするのも楽しいもの。このガイドでは、それらもコラムでたくさん紹介しました。

実際に現地を歩いてみて、また探鳥会に参加してみて、気に入った所が見つかったら、ぜひ繰り返し訪れてみて下さい。さらに新たな発見があるでしょうし、心の通い合う鳥仲間・鳥友達とも出会えることでしょう。ひとりでも多くの方々がこの本を活用して、より豊かなバードウォッチング・ライフを満喫できるよう願っています。

なお、このガイドブックを刊行するにあたり、企画段階から編集作業まで全面的に担当された河地辰彦副代表、また各探鳥地等について執筆されたリーダーの皆さん、事務局の岩渕真由美さん、制作・出版でお世話になった内田裕之さんならびに随想舎には、心から御礼申し上げます。

皆さん、ぜひ探鳥会でお会いしましょう！

日本野鳥の会栃木代表
高松健比古

フィールドマナー

自然からさまざまな恩恵を受けている私たちは、ふだんから自然を大事にしなければなりません。

まして積極的に自然の中へ出かけ、バードウォッチングという形で深くふれあおうとすれば、自然に対してより心を配らなければならないでしょう。自然の恵みをより多く受けるからというだけでなく、自然の中へ深く入り込むことで影響を与える度合いが大きくなるからです。

野外活動でのこのような心遣い、つまり基本的なルールを「フィールドマナー」と呼びます。日本野鳥の会では「や・さ・し・い・き・も・ち」の7文字からはじまる標語を提唱しています。これからバードウォッチングを始められる方も、既にバードウォッチングをされている方も、ぜひ、フィールドマナー「や・さ・し・い・き・も・ち」を忘れずに、野鳥や自然とのふれあいを楽しんでください。

野鳥写真マナー

写真を撮ったり、印刷物に掲載したり、ネットで公開したりする場合は、以下のマナーも守ってください。

❶ 営巣中の巣、巣にいるヒナ、巣に入ろうとする親鳥など、子育ての様子の撮影は避けましょう。

❷ 餌付け、音声による誘引、ストロボなどの使用は避けましょう。

❸ 公共の場所などでは、植物の移植や剪定、土や石の移動といった環境の改変は控えましょう。

観察や撮影に共通する大切なマナー

❶ 国内への渡来が少ない珍しい野鳥は、生息地や渡りのルートから外れて飛来した場合が多く、弱っていることもあります。その鳥が十分に休めるように、接近しすぎや驚かせて飛ばせてしまうような観察、撮影はやめましょう。

❷ 珍しい野鳥の観察情報をネットに発信したりマスコミなどへ提供したりする場

フィールドマナー「や・さ・し・い・き・も・ち」

や 野外活動、無理なく楽しく

自然は、人のためだけにあるのではありません。思わぬ危険が潜んでいるかもしれないのです。知識とゆとりを持って、安全に行動するようにしましょう。

さ 採集は控えて、自然はそのままに

自然は野鳥のすみかであり、多くの生物は彼らの食べ物でもあります。あるがままを見ることで、いままで気づかなかった世界が広がります。むやみに捕ることは慎みましょう（みんなで楽しむ探鳥会では、採集禁止が普通）。

し 静かに、そーっと

野鳥など野生動物は人を恐れるものが多く、大きな音や動作を警戒します。静かにしていれば彼らを脅かさずにすみますし、小さな鳴き声や羽音など自然の音を楽しむこともできます。

い 一本道、道からはずれないで

危険を避けるため、自然を傷つけないため、田畑の所有者などそこにくらす人に迷惑をかけないためにも道をはずれないようにしましょう。

き 気をつけよう、写真、給餌、人への迷惑

撮影が、野生生物や周囲の自然に悪影響を及ぼす場合もあるので、対象の生物や周囲の環境をよく理解した上で影響がないようつとめましょう。餌を与える行為も、カラスやハトのように人の生活と軋轢が生じている生物、生態系に影響を与えている移入種、水質悪化が指摘されている場所などでは控える必要があります。また、写真撮影や給餌、観察が地元の人や周囲の人に誤解やストレスを与える場合もあるので、十分な配慮をしましょう。

も 持って帰ろう、思い出とゴミ

ゴミは家まで持ち帰って処理しましょう。ビニールやプラスチックが鳥たちを死にいたらしめることがあります。また、お弁当の食べ残し等が雑食性の生物を増やすことで、自然のバランスに悪影響を与えます。責任を持ってゴミを始末することは、誰でもできる自然保護活動です。

ち 近づかないで、野鳥の巣

子育ての季節、親鳥は特に神経質になるものが多く、危険を感じたり、巣のまわりの様子が変化すると、巣を捨ててしまうことがあります。特に、巣の近くでの撮影はヒナを死にいたらしめることもあるので、野鳥の習性を熟知していない場合は避けましょう。また、巣立ったばかりのヒナは迷子のように見えますが、親鳥が潜んでいることが多いので、間違えて拾ってこないようにしましょう。

合は、その場所に観察する人が大勢集まりトラブルになることもあるので、発表の時期に配慮しましょう。

❸ 道で集団になったり三脚を並べたりすると、通行の迷惑になります。また、駐車も近隣の迷惑にならないよう十分配慮しましょう。

❹ 近隣の方々の生活を覗くような形にならないよう、双眼鏡やカメラの向け方に注意しましょう。

野鳥の写真撮影について

近年、高性能なデジタルカメラが広く普及し、野鳥の撮影も簡単になってきました。かかる費用も安価になり、被写体として野鳥を撮影する人が増えています。

しかし、野鳥の写真撮影は、その種や時期、場所によっては悪影響を及ぼします。

増えてきた撮影の問題

日本野鳥の会にはかねてから、特に子育て中の野鳥、警戒心が強い猛禽類や希少種などの写真撮影について危惧する意見や実際のトラブル情報が多く寄せられており、年々増えています。撮影のために巣に接近しすぎたり、近くで長時間ねばったりなどの行為によって、繁殖を放棄したイヌワシやシマフクロウの事例もありますし、エトピリカでも営巣への影響が懸念されています。また、「巣立ちの瞬間」などの映像がテレビで紹介されることがありますが、撮影の影響で巣立ちが早まってはいないか、親鳥による給餌への影響はないかなど、心配されることが少なくありません。

撮影のプラス面

野鳥の種の生息確認は、以前は採集や標本によっていましたが、写真記録が採用されるようになり、鳥の命を奪わずにすむようになりました。また、近年では素晴らしい写真集や報道が人々の野鳥への関心や理解を喚起してきたという側面もありますし、撮影映像によって野鳥の生態が解明され、保護が進むこともあります。

撮影のプラス面を生かし、マイナス面を減らすにはどうしたらよいでしょうか？

相手をよく知ろう

野鳥を脅かさずに撮影するためには、「どんなことが、どの程度影響するのか」など、まず撮影対象となる野鳥のことをよく知ることが必要です。逆に言えば、生態をよく知らないのなら撮影は控えるべきです。特に、ヒナの餓死などの取り返しがつかない事態が懸念される繁殖期や希少種については、より慎重でなければなりません。

たとえ野鳥をよく知っている場合でも、どの程度なら撮影してもよいかは、一概に判断できません。例えば、人に接近して繁殖するツバメでも、雌雄、個体、繁殖の段階などによって、人への警戒の度合いが違います。対象とする個体の警戒心の強さや、それに与えるであろう影響の大きさは、継続した観察を行うなどしなければ分からないでしょう。

撮影を始める前に、十分な下調べや観察を行うよう心がけてはいかがでしょうか。そうすれば、野鳥に与える影響を軽減できると同時に、撮影の際に参考になる有益な観察事例も得られ、撮影者にとっての利点もあるのではないでしょうか。

とちぎの探鳥地ガイド 目 次

バードウォッチングマップ

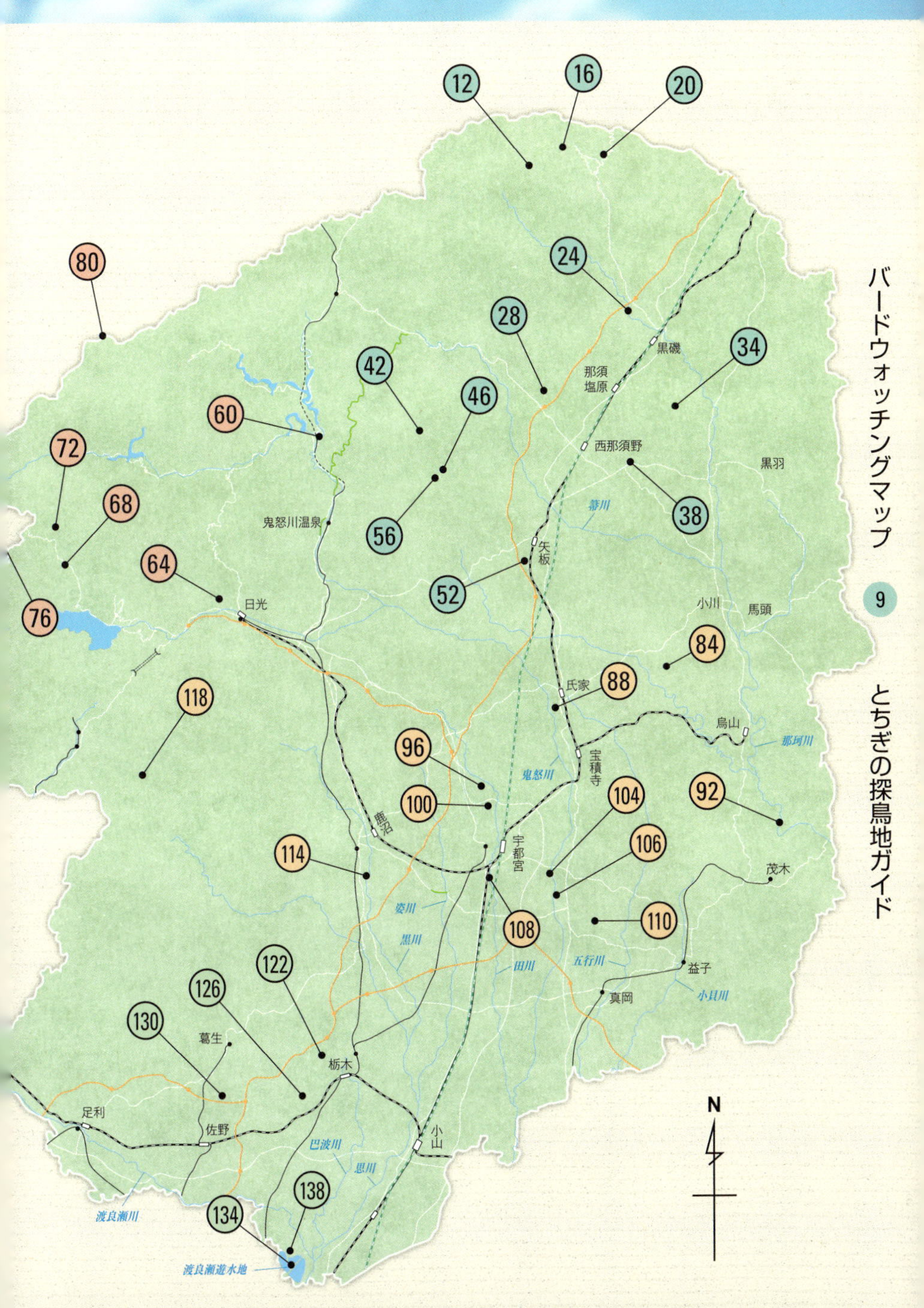

栃木県内で起きた撮影トラブルの事例

撮影場所	撮影対象種	状　況	撮影の問題点
大田原市 羽田沼	オオハクチョウ コハクチョウ 他	食パンやパン屑などを撒き、おびき寄せて撮影	・本来の採食行動の妨げ ・食べ残しや糞による水質の汚染 ・渡りの停滞
那須塩原市	オオタカ	営巣木の15m付近で撮影	・親が餌を与えられない ・営巣放棄
矢板市	チョウゲンボウ	巣穴の真下で数人が長時間撮影	・親が餌を与えられない ・営巣放棄
矢板市 県民の森	オオルリ キビタキ	テープで野鳥の声を流し、長時間撮影	・なわばり行動の妨げ ・繁殖妨害
真岡市 井頭公園	トラツグミ ベニマシコ ミヤマホオジロ クイナ 他	大きな機材で歩道を塞ぎ歩行者を通らせない、餌を撒く、テープで野鳥の声を流す、枝を立てる等を行い撮影	・歩行者、来訪者への迷惑 ・食べ残しや糞による土地、水質の汚染、外来植物の移入 ・なわばり行動の妨げ ・渡りの停滞 ・土地の改変
	カモ	野鳥撮影講習会で講師が餌を撒き、参加者に撮影させる	・本来の採食行動の妨げ ・食べ残しや糞による水質の汚染 ・渡りの停滞
野木町	フクロウ	営巣木の真下で30〜40人が三脚を立て撮影	・歩行者、来訪者への迷惑 ・営巣放棄
栃木市 渡良瀬 遊水地	ハイイロチュウヒ	「菜の花」の見学者を無理やり立ち退かせて撮影	・歩行者、来訪者への迷惑
		ねぐらの10〜20m付近で高い脚立を立て撮影、30〜40人が集まる	・ねぐらを放棄
	チュウヒ	チュウヒのねぐら付近に撮影者の足跡多数残る	・ねぐらを放棄
	コミミズク	150人ほどで撮影、土手に穴を掘り太い枝を立てる	・歩行者、来訪者への迷惑 ・土手の改変による水漏れ
	ルリビタキ アカウソ	餌を撒き、おびき寄せて撮影	・歩行者、来訪者への迷惑 ・本来の採食行動の妨げ ・渡りの停滞 ・食べ残しによる土地の汚染、外来植物の移入

とちぎの
探鳥地
ガイド
バードウォッチングに
行こうよ！

奥那須

【沼原湿原】

沼原（ぬまっぱら）湿原は、那須連山の白笹山の西側、標高約1,200mにある高層湿原である。高山植物の宝庫であり、春はザゼンソウやハルリンドウ、夏はニッコウキスゲやコバイケイソウ、秋はエゾリンドウやワレモコウ、草紅葉などを湿原内に整備された木道より観賞することができる。また、湿原内の沼池ではクロサンショウウオやモリアオガエルなどの貴重な両生類も生息している。湿原の周りを奥那須原生林に囲まれているためクロジやアカハラ、カラ類など、主に森林性の鳥類が見られる。冬季は、積雪のため道路が交通不能となる。

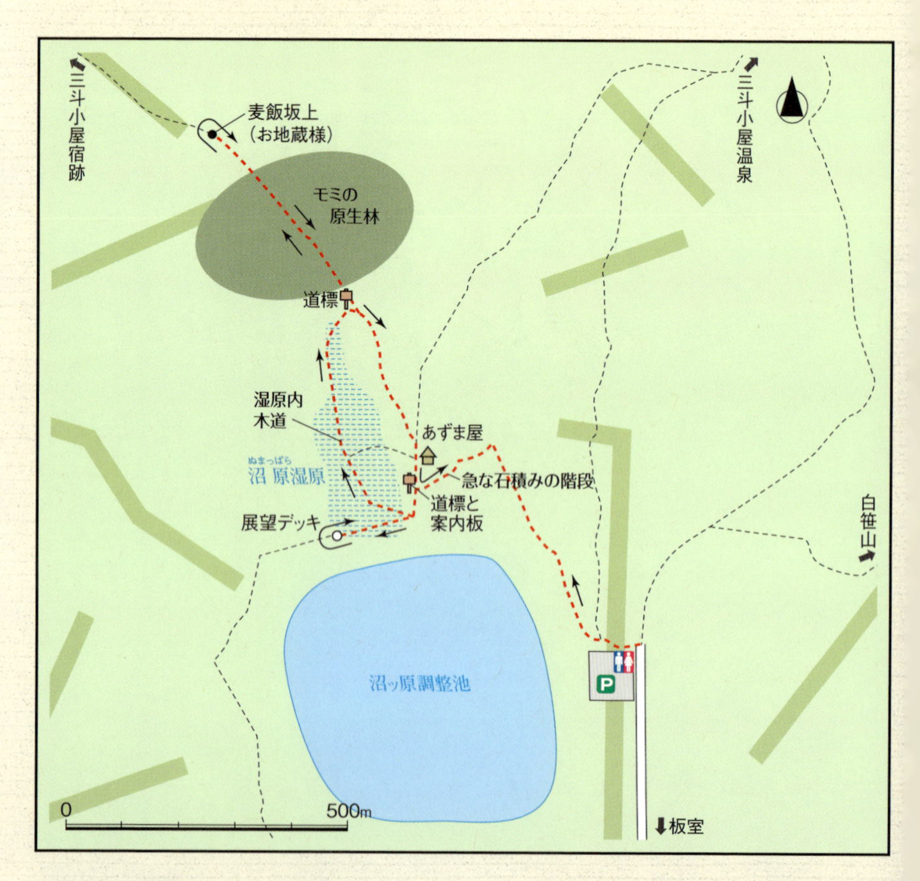

探鳥季節目安 5月～11月

草紅葉の沼原湿原。左から三倉山、大倉山、流石山

沼原駐車場は、沼原湿原の散策のほか、那須連山および三斗小屋温泉方面への登山口になっている。大型バスも駐車可能な大きな駐車場であるが、ニッコウキスゲの開花時期(7月中旬)には満車となることもあるので、早出の行動を心がけたい。駐車場の北側にトイレがある。コースの途中にはトイレが無いため、用を済ませてから出発しよう。

駐車場の北西端(トイレの左方向)から湿原の遊歩道が始まり、ミズナラやブナの林を下って行くとやがて石積みの階段へと続く。20分ほどで「板室温泉・沼原湿原」の道標と案内板に出る。平坦な湿原の周遊コースをたど

付近の住所　【栃木県那須塩原市板室地内　沼原】

●自家用車

東北自動車道・那須ICから県道17号と県道266号を経由し、那須ハイランドGCの近くで「沼原湿原」の案内標識に従って右折する。突き当りに無料駐車場がある。那須ICから約1時間。約24km。

東北自動車道・黒磯板室ICから県道53号と県道369号(板室街道)を経由し、板室温泉を経て、那須ハイランドGCの近くで「沼原湿原」の案内標識に従って左折する。黒磯板室ICから約1時間10分。約28km。

●公共交通機関

JR宇都宮線・黒磯駅(新幹線の場合はJR那須塩原駅)から沼原駐車場までタクシー利用。約1時間。

沼原湿原入口の駐車場

るため、左右どちらへ進んでも良いが、ここでは、時計まわりに案内しよう。

左に曲がるとすぐに沼ッ原調整池の堤が見え、木道に沿って進むと「展望デッキ」の分岐がある。絶景が望めるので、ぜひ展望デッキに立ち寄ることをおすすめする。5分ほどで木製のデッキに到着し、湿原の彼方に連なる三倉山や大倉山、流石山の眺望に感激することだろう。初夏から夏には**ツツドリ**や**カッコウ**、**ホトトギス**の声が爽やかな高原に響き渡る。湿原の周りの木々には**オオルリ**や**アオジ**、**ビンズイ**などがさえずり、湿原内に**オオジシギ**の声を聞くこともある。上空に**クマタカ**や**ハチクマ**が現われることもあるので注意して観察しよう。

展望デッキから来た道を分岐点まで戻り、再び、木道を時計回りに進むと湿原の真ん中を突っ切って行く。

沼原湿原は、高山植物も豊富なので、足元にも目を向けると面白い。春はザゼンソウやハルリンドウ、夏はニッコウキスゲやコバイケイソウ、モウセンゴケ、ツルコケモモ、秋はエゾリンドウや草紅葉など季節ごとに楽しめる。また、クロサンショウウオやアカハライモリ、モリアオガエルなど両生類もよく観察できる。

湿原の木道がミズナラの林に突き当たったら右に曲がり、少し進むと「三斗小屋宿跡」の道標が現われる。三斗小屋宿跡方面にモミの原生林の中を進む。かつての会津中街道の一部で、麦飯坂を経て三斗小屋宿跡へ至る道

【 ビンズイ 】

【 オオルリ 】

【 ウソ 】

である。両側のモミ林からは**クロジ**や**ウソ**、**アカハラ**、キツツキ類など森林性の鳥の鳴き声を聞くことができる。麦飯坂上(お地蔵様が立っている)から道は下り坂になるが、麦飯坂を下りると帰りの登りがきついので、お地蔵様の前から引き返したほうが良い。

「三斗小屋宿跡」の分岐に戻り、木道を進むと左手にあずま屋が見える。さらに進むと「板室温泉・沼原湿原」の分岐に到着し、湿原一周が終了する。駐車場への戻り道は長い上り坂となるため、急がず鳥の声を聞きながらゆっくりと歩きたい。

駐車場に到着後、園地でのんびりするのも良いだろう。園地から沼ッ原調整池を望むと、奥那須の大自然と巨大な人工物との対比を見ることができる。

なお、沼原湿原のバードウォッチングシーズンは春から初冬である。冬季は、雪が降ると道路の除雪がされないため、通行不能となる。

【　ホトトギス　】

【会津中街道】

1683年(天和3)、日光大地震により男鹿川が土砂で堰き止められて五十里湖が出現した際、会津西街道が通行不能となり、会津藩は江戸への参勤や廻米が困難になった。会津藩は幕府の援助のもと1695年(元禄8)に急きょ代替街道を整備した。道筋は氏家宿から矢板宿、板室宿を経て那須山中の三斗小屋宿、標高1,468mの大峠、松川宿などを経て会津に至る街道であった。この街道の特色は、会津若松と江戸をほぼ最短距離で結んでいる点である。しかし、そのぶん那須連山を越える峠は険しく、荷継ぎに従事する人々に大きな負担を強いた。1699年(元禄12)の暴風雨で大峠付近が大きな被害を受けると、会津藩の参勤交代路としての役割を白河街道に譲った。会津中街道を参勤交代で通行したのは、会津藩主が3回と越後村松藩主が1回のみであった。

開通28年目の1723年(享保8)に五十里湖が決壊し、会津西街道が復旧すると、会津中街道の交通量は激減した。それでも江戸に最短距離という有利さがあり、会津西街道とは幕末まで競合した。その後、戊辰戦争で三斗小屋宿が焼き払われ、磐越西線が開通したことにより、街道としての使命を終えた。

【那須岳】

那須岳は、主峰である茶臼岳の別称、あるいは茶臼岳、朝日岳、三本槍岳、南月山、黒尾谷岳の那須五峰を中心とした総称とされている。茶臼岳には、現在も蒸気と火山性ガスを噴出する噴気口があり、周辺は荒涼としている。茶臼岳から離れるにつれて植生も豊かになり、尾根筋のハイマツ帯にはオトギリソウやミネウスユキソウ、シラネニンジンなどの高山植物が見られる。鳥類は、高山特有のイワヒバリやホシガラス、岩場を営巣に利用するハヤブサなどが観察できる。山岳地であり、積雪のない5月中旬から10月中旬がバードウォッチングの目安となる。

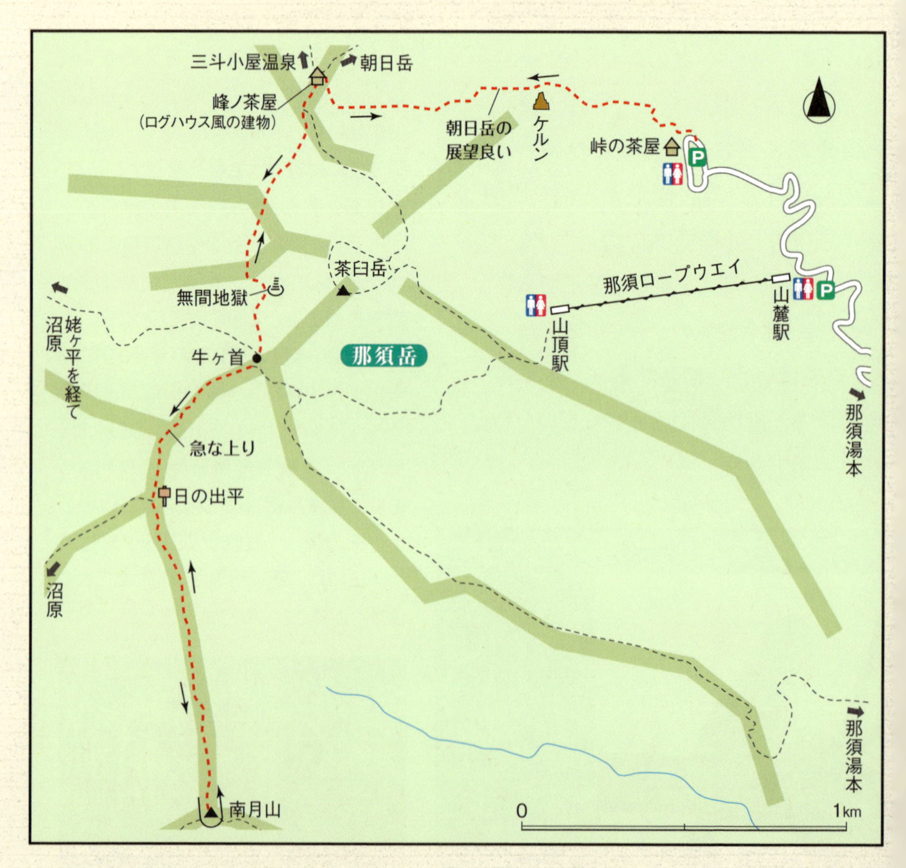

探鳥季節目安　**5月中旬〜10月下旬**

峰ノ茶屋から茶臼岳を望む

那須岳は、日本百名山にも数えられる名峰でありながら、ロープウェイが茶臼岳の直下まで通じている。山容もコンパクトにまとまっていることもあり、短時間でアルペン気分が味わえる山として登山者に人気が高い。

登山となるため、トレッキングシューズや雨具などの装備が必需である。コースタイムは、観察時間を考慮すると最低でも5時間程度は確保したい。また、この地域の強風は有名で、尾根筋での強風や天候悪化の際は、迷わず引き返すべきである。野鳥も悪天候では期待できない。

登山口となる峠ノ茶屋駐車場にある

付近の住所　【栃木県那須郡那須町湯本　峠の茶屋】

●**自家用車**
東北自動車道・那須ICから県道17号を那須岳方面へ向かい、終点となる峠ノ茶屋駐車場が登山口となる。
無料駐車場は大型車7台、小型車160台駐車可能。ただし、観光シーズンは満車になることが多い。
那須ICから約40分。

◆**問合せ先**
那須町役場　観光商工課　☎0287-72-6918

●**公共交通機関**
那須山麓駅まで、JR宇都宮線・黒磯駅およびJR那須塩原駅から、春季から秋季まで東野バスの路線バスが運行している。
所要時間はJR黒磯駅から1時間、JR那須塩原駅から1時間10分。

◆**問合せ先**
東野交通（株）　☎028-662-1080

公衆トイレが最後のトイレとなる。ここで用を済ませておこう。登りだすとすぐに登山指導センターがあり、案内板と登山ポストが設置されている。最新情報を入手してから出発することにしよう。

低木の樹林の中、石の階段を登って行く。**ホオジロ**や**シジュウカラ**、**ウグイス**などが期待される。

樹林を抜けると視界が開け、登山道脇に中間点を示すケルンが見えてくる。眺望が良いので休憩すると良い。正面に峰ノ茶屋避難小屋、左に茶臼岳の北東斜面、右に朝日岳の風景が広がる。登山道はそれまでとは一変し、岩と砂礫の道となる。さえずりが聞こえたら、見通しの良い岩の上を探してみよう。この付近では**ビンズイ**が盛んにさえずる姿がよく観察される。上空にも注意を払う必要がある。**イワツバメ**や**アマツバメ**、**ハヤブサ**の旋回が見られるかもしれない。**ハヤブサ**は同山域の岩場に営巣しており、たびたび確認されている。

峰ノ茶屋避難小屋で一息ついたら茶臼岳の北斜面を巻いて牛ケ首へ向かう。道すがら下方を見るとハイマツを中心とした植生が広がっている。8月上旬ごろから秋にかけては**ホシガラス**がハイマツの実を食べたり、木の洞や岩の隙間に実を隠す貯食行動が観

ホシガラスの食痕

【　ビンズイ　】

【　ホシガラス　】

【　イワヒバリ　】

察できる。**ホシガラス**はハイマツに食料の提供を受け、ハイマツは**ホシガラス**に種を運んでもらい分布を広げる共生関係が成り立っている。

イワヒバリも付近の岩場を中心に観察できる。キュルキュルと聞きなれない鳴声が聞こえたら、付近を探してみよう。**イワヒバリ**は人をあまり恐れないため、運が良ければ数メートルの距離で観察することができる。

牛ガ首からは低木帯の尾根歩きとなる。春は、下方の森林から**オオルリ**、**ルリビタキ**、**コルリ**、**メボソムシクイ**、**エゾムシクイ**などのさえずりが聞こえてくる。尾根付近では**クロジ**がホーイ、チョチョチョとさえずる姿を見られるかもしれない。

コースの終点となる南月山は砂礫地となっており、那須連山が一望に見渡せる。天気が良ければ、ここで昼食とするのも良い。復路は、往路を戻ることになる。

【 イワツバメ 】

【茶臼岳の硫黄鉱山跡】

峰ノ茶屋避難小屋から茶臼岳方向を見ると、木造の櫓様の遺構が確認できる。これは、鉱山索道※の基点跡である。

※空中を渡したロープに吊り下げた輸送用機器に人や貨物を乗せ、輸送を行う交通機関。

また、峠ノ茶屋に向かって風化した索道の支柱やレールの残骸が転々と確認できる。今は忘れ去られようとしているが、茶臼岳には、かつて硫黄鉱山があった。第1次世界大戦の火薬需要を契機に昭和40年代半ばの閉山まで日本の工業を支えてきた。

硫黄鉱床は、峰ノ茶屋から牛ガ首に向かう途中の蒸気や火山性ガスが噴出している無間地獄にあり、付近の登山道にはレモン色の硫黄鉱石が散在している。

現在は登山道となっているが、無間地獄から峰ノ茶屋にはトロッコ軌道が敷設され、採掘した硫黄鉱石の搬送に利用されていた。トロッコは幅1m、長さ1.5mほどの荷台の大きさがあり、軌道を空のトロッコを押してきて停めおき、硫黄を積んで1台ずつ押し戻していたらしい。峰ノ茶屋からは、索道を輸送手段としてロープに吊り下げ、峠ノ茶屋を経由し、さらに下まで搬出していた。

無間地獄の噴気

那須

【那須平成の森】

栃木県北部の那須高原にあり、那須御用邸用地の一部を一般開放して2011年（平成23）5月にオープンした自然観察の森である。県道290号（那須甲子線）を境に上側が一般開放されている「ふれあいの森」、下側が予約制ガイドウォークによる「学びの森」になっている。自由に散策できる「ふれあいの森」は、かつての放牧地が遷移（せんい）しつつある森でミズナラやリョウブ、カエデなどの広葉樹が多い。オオルリやキビタキなど夏鳥が渡来し、四季を通じて自然に親しむことができる。那須岳山麓の自然地形を活かしたコースなので上り下りがある。

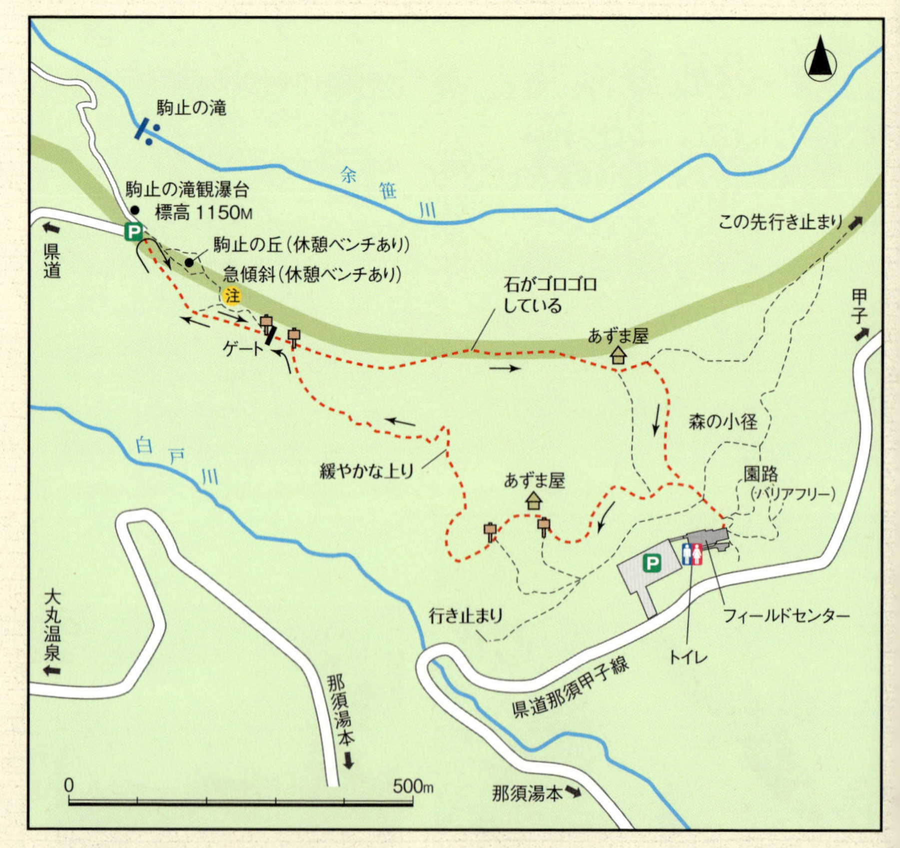

探鳥季節目安 4月〜6月／9月〜10月

フィールドセンターのデッキから茶臼岳を望む

自由に散策できる「ふれあいの森」には、コースが幾つかあり、体力や時間に合わせて選ぶことができる。いずれも森の中を歩くことが多く、視界の開けた場所は少ない。フィールドスコープよりも双眼鏡が有利である。那須岳山麓の傾斜地にあり、足元の悪い所があるので、軽登山靴などで足ごしらえはしっかりしておこう。途中にトイレはないので、フィールドセンター内のトイレで用を済ませてから出発しよう。

ここでは、フィールドセンターから駒止の滝観瀑台を周遊する約3kmのコースを紹介する。いずれのコースもセンターの受付前を通らねばコースへ

付近の住所 【栃木県那須郡那須町高久丙 3254】

●自家用車
東北自動車道・那須ICから県道17号(那須高原線)を那須高原方面へ右折し、那須湯本温泉を過ぎてから県道290号(那須甲子線)へ入る。県道290号沿いに「那須平成の森フィールドセンター」の案内標識がある。
那須ICから約35分。那須高原スマートICから約40分。
フィールドセンター駐車場(無料)
約60台(ただし、大型バス用の駐車スペースはない)。

●休館日および開館時間
4月～11月　無休　9:00～17:00
12月～3月　水曜日　9:30～16:30
入館料　無料
◆問合せ先
那須平成の森フィールドセンター
☎0287-74-6808
●公共交通機関
直接通じる公共交通機関はない。那須湯本バス停からタクシーで約10分。
◆問合せ先
東野交通(株)　☎028-662-1080

出られない。センターを出るとすぐデッキになっており、晴れていればデッキから那須連山が一望できる。**ノスリ**や**トビ**が茶臼岳をバックに悠々と舞っているのが見られるだろう。

往路は、デッキを下りて目の前の広い道を100mほど行く。左側に道標があるので「駒止の滝観瀑台」を目指し、森の中へ入る。森の中を50mほど行くと、右に枝道があるがまっすぐあずま屋へ向かう。初夏ならばあずま屋で休んでいる間に**カッコウ**や**ホトトギス**などの声を耳にすることだろう。

あずま屋からは、しばらく平坦な道が続く。**シジュウカラ**などカラ類が姿を現すポイントだ。道標を過ぎるといよいよ上り坂になる。険しくはないので、ゆっくり森の中をくねくねと上っていく。春ならば足元の草花に目を留めながら耳を澄ませてみよう。**エナガ**や**コガラ**などのさえずりが聞こえてくるだろう。初夏には**キビタキ**や**イカル**、**アオゲラ**などが忙しく森の中を飛び回っているはずだ。

ふれあいの森の散策路

広い道へ出たら左手へ進む。ゲートを通過すると駒止の滝観瀑台駐車場まで緩やかな上り坂になる。視界も次第に開けてくるので初夏なら上空を飛び交う**イワツバメ**やうまくすれば**アマツバメ**などが見られるかもしれない。

駒止の滝観瀑台は、空中回廊のようになっている。初夏なら谷から吹き上げてくる風に乗って**オオルリ**のさえずりが聞こえてくることだろう。この辺

【 イカル 】

【 イワツバメ 】

【 アオゲラ 】

りは、上空が広く開けており、晴れていれば茶臼岳や朝日岳がよく見える。**オオタカ**などタカ類を探すポイントだ。タカ類は山際から気流に乗って突然、姿を現すのでしばらく待ってみよう。

駒止の滝を見終えたら「駒止の丘」へ登ってみると良い。休憩ベンチがあり、展望も良いので**アカハラ**や**ジュウイチ**の伴奏でお弁当を広げ、野鳥たちが現れるのを待つことができる。

復路は、ゲートまで下って、そのまま広い道を下っていく。下のあずま屋までは、こぶし大の石ころがゴロゴロしているので転ばないよう足元に注意して歩こう。途中、**センダイムシクイ**や**クロジ**などのさえずりが聞こえてくるだろう。時々、足を止めながらゆっくり下る。あずま屋で一休みしたら、広い道をさらに50mほど行って、右手に曲がればセンターへ戻る。余裕があれば、まっすぐ進んで「森の小径」を回ってセンターへ戻っても良いだろう。

【　キビタキ　】

【シロヤシオ（白八汐）】

「ふれあいの森」には、ピンク色の花のトウゴクミツバツツジや朱色の花のヤマツツジなどが多い。その中で、ひときわ目を引くのは、白い花姿が清楚なシロヤシオだろう。

和名は、アカヤシオに似ていて白い花を付けることから。栃木県花のアカヤシオと併せてヤシオツツジと言われることもあるが、アカヤシオとは別種のツツジに属する。

花言葉は「愛の喜び」「情熱」「節制」。大柄な直径3～4cmの花を枝先に三個ほど付ける。大木ともなると一面、白い花に覆われ白無垢の花嫁姿のようだ。じつは、花は葉陰に多く咲くので下から見上げた方がより綺麗なのだそうだ。那須高原には幾つか群生地があり、中でも那須平成の森に隣接しているマウントジーンズ那須の中ノ大倉尾根は、日本最大級の群生地として有名。敬宮愛子内親王（愛子さま）のお印となったゴヨウツツジはシロヤシオのことで、葉が五枚に輪生することから五葉躑躅（ごようつつじ）の別名がある。葉の縁が薄赤く色づくので花が落ちてからでも見分けられる。

シロヤシオ

黒磯

【鳥野目河川公園】

鳥野目河川公園は、那珂川の右岸に沿った長さ約1km、面積約15haの公園である。並木や芝生、大池などが整備され、コテージの周辺は雑木林となっている。夏はオートキャンプ場として賑わい、川ではアユ釣りがさかんに行われている。河岸段丘下の東側は田んぼと養魚場があり、公園内にも清らかな流れが通っている。那珂川を挟んだ対岸の那須街道沿いには、赤松と雑木の林が連なり、狭い中にもさまざまな環境が存在する。このため、山野の鳥類や水辺の鳥類が多く見られる。特に、冬季は大池でカモ類をよく見ることができる。

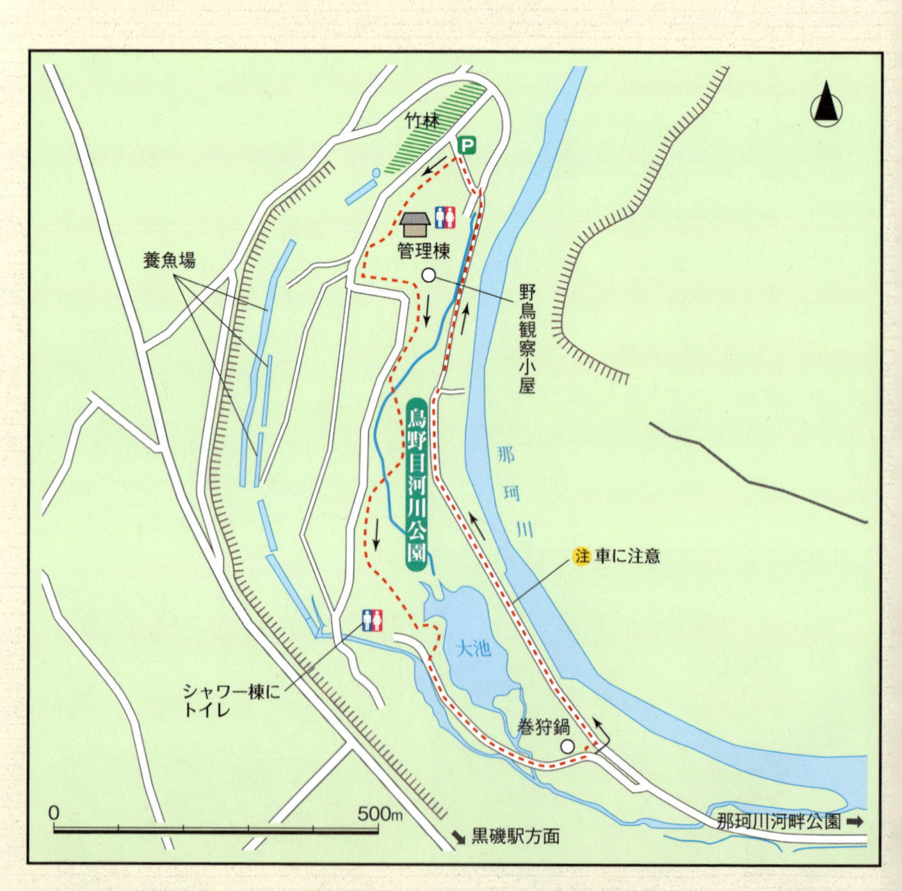

探鳥季節目安 11月～5月

お詫びと訂正

掲載記事にご指摘がありました。ここにお詫びして訂正いたします。

鳥野目河川公園内に有料エリアがあり、一般の方の入場が制限されていますので立入はご遠慮ください。

ご迷惑をおかけいたしまして申し訳ございません。
二刷り出版時には修正した記事を掲載いたします。

オートキャンプ場内のコテージと雑木林

鳥野目河川公園のバードウォッチングシーズンは、木々の葉っぱが疎らになる11月から新緑の5月までである。夏の間は葉が茂って人出も多くなり、鳥の姿は見にくくなる。公園内には6カ所のトイレがあるが、冬は管理事務所とシャワー棟のトイレの2カ所のみが使用可能となっている。

北側の駐車場から出発するが、ここでも**シジュウカラ**や**エナガ**、**カワラヒワ**、**ヒヨドリ**、**キジバト**などが周りの木々を飛び回っている。**ウグイス**の笹鳴きや、春先にはさえずりも駐車場裏の竹ヤブから聞こえてくる。

駐車場脇から雑木林の中に入り、森林性の小鳥を探そう。**ヒガラ**や**ヤマガラ**、**メジロ**、**コゲラ**、**アカゲラ**、**カケス**なども仲間に加わってくるだろう。冬なら地面で**カシラダカ**や**ホオジロ**、**カワラヒワ**などが餌を探し歩いている。

付近の住所　【栃木県那須塩原市鳥野目391-1】

●**自家用車**

東北自動車道・那須ICから県道17号（那須高原線）を那須高原方面へ右折し、3kmほど上って田代交差点を左折する。那珂川をりんどう大橋で渡り小結十文字を左折し、鳥野目街道に入る。3kmほど下ると左手に「鳥野目河川公園オートキャンプ場」の案内標識があるので案内板に従って左折する。0.7kmほど坂を下ると公園駐車場に出る。那須ICから約15分。

◆**問合せ先**

鳥野目河川公園オートキャンプ場
☎0287-64-4334

●**公共交通機関**

JR宇都宮線・黒磯駅（新幹線の場合はJR那須塩原駅）よりタクシー利用。約15分。

シロハラが木葉返しをしていることもある。春の渡りの時期には**オオルリ**や**キビタキ**を見かけることもあるので、ゆっくりと探しながら進もう。コテージ周辺では**スズメ**に交じって**ハクセキレイ**、**セグロセキレイ**が歩いている。野鳥観察小屋近くの木々の上部を探すと、冬には**シメ**や**イカル**、**マヒワ**の群れが見られるかもしれない。4月下旬には**ヒレンジャク**の群れが立ち寄っていくこともある。林を出た辺りでは**ジョウビタキ**や**モズ**などの姿も探してみよう。

野鳥観察小屋からシャワー棟までは、右手の田んぼと河岸段丘の木々や上空を注意して見てみよう。冬には**ツグミ**も田んぼに降りている。崖の木には**アオサギ**や**ダイサギ**が止まっていて**ハシブトガラス**や**ハシボソガラス**も河岸段丘の上で群れている。上空には**トビ**や**ノスリ**以外に、カラスたちに追い回されている**オオタカ**を見る機会も多い。運が良ければ、春先には雌雄で求愛飛行が見られることもある。

大池では、冬の間カモ類が羽を休めている。**カルガモ**や**コガモ**が多いが、**マガモ**や**ヒドリガモ**、**オナガガモ**、**オカヨシガモ**、**キンクロハジロ**なども見られるだろう。**カイツブリ**や**イカルチドリ**、**イソシギ**、**オオバン**も見られることがある。

水路沿いでは**キセキレイ**、**カワセミ**に会えることもある。また、崖下のヤブでは、冬に**ベニマシコ**が見られる。その先の地面では**ビンズイ**が歩いていることが多い。

巻狩鍋を左手に過ぎた辺りで那珂川沿いの車道に出るので、水際や道沿いの小鳥を確認しながら駐車場まで戻ろう。車道は通行量があるので注意してほしい。

道沿いにはシダレザクラの並木が続いていて、季節にはきれいに花を咲かせている。上流側に目をやると那須連山も見える。川沿いの車道に出ないで公園内の遊歩道を戻っても良い。

【 アオサギ 】

【 カワセミ 】

【 イソシギ 】

【那須五峰】

那珂川沿いの車道に出ると、冬晴れの日なら北方に那須連山が望める。左端から白笹山、黒尾谷岳、南月山、茶臼岳、そして右端が朝日岳である。三本槍岳は、鳥野目からは茶臼岳と朝日岳に隠れて見えない。白笹山は那須連山の最西端に位置し、南月山のすぐ隣にあって裾野の形が美しい山容なのだが那須五峰には入らない。

茶臼岳　標高1,915m。約2万年前ごろ活動を開始し、現在の山体を成長させた。溶岩円頂丘では、栃木県内唯一の活火山であり、西面の大噴気口からは今でも噴気が見られる。そのため山頂部は冬季でも冠雪しない。

茶臼とは、葉茶をひいて抹茶にするために用いる石製の挽臼のことで、上臼の側部に挽木を差し込んで上臼を回す茶道具である。山の側面から立ち上る噴煙を挽木に見立てて付けられた山名だろうか。

朝日岳　標高1,896m。最も峻険な山体を有する鋭鋒で、山体は岩場やガレ場が多い。那須火山群は火山の成長とともに、幾度も大規模な山体崩壊を繰り返してきた。山腹の断崖は、その時の火口壁の名残といわれている。

三本槍岳　標高1,917m。那須岳の最高峰で、約30万年前に活動した成層火山である。太平洋側に流れる阿武隈川、那珂川の源流部にあたる。また、山頂から北の山並みは日本の中央分水嶺となっており、日本海側に流れる阿賀川支流の源流部になっている。

三本槍岳とは、この山頂の領地がはっきりしないため会津藩、白河藩、黒羽藩の3藩が領地を確認するため定期的に集まって槍を立てた故事によるが、実際に行なわれたかは不明である。

南月山（みなみがっさん）　標高1,776m。三本槍岳、朝日岳に次いで約20万年前に噴火した火山である。

山名の由来は、茶臼岳が信仰登山の対象だったころ月山と呼ばれており、その南に位置するので南月山とされた。

黒尾谷岳（くろおや）　標高1,589m。南月山の前衛峰である。南月山の南側が山体崩壊した凹地から、後に噴火した火山である。

那須連山。左から白笹山、南月山（手前に黒尾谷岳）、茶臼岳、朝日岳（三本槍岳は見えない）

西那須野

【千本松牧場と那須野が原公園】

千本松は、千本松牧場を中心に那須野が原公園、栃木県酪農試験場、農水省畜産草地研究所などが南北約7km、東西約5kmにわたって広がる栃木県を代表する探鳥地のひとつである。アカマツ林やコナラ、リョウブなどの雑木林と牧草地や草地がモザイク状に配置され、主に森林性の鳥類と草原性の鳥類が観察できる。自然の河川はないが那珂川から取水する那須疏水が通っており、この疏水から導水している周囲1.6kmの赤田調整池がある。冬季には、調整池で越冬する数千羽のカモたちを観察することができる。

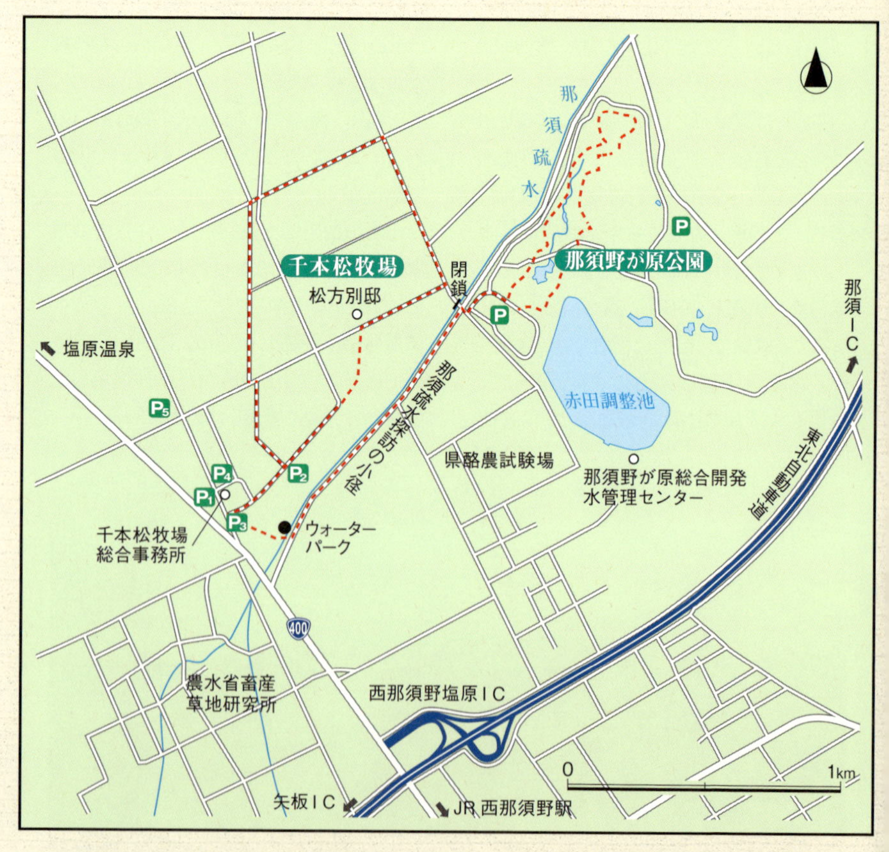

探鳥季節目安 10月～5月

◆千本松牧場

千本松牧場は、子ども遊園地やスポーツ施設、牧場レストランなどを備えた観光牧場になっている。牧場の奥には牧草地や草地、アカマツ林などが広がっている。遊歩道以外は未舗装で、農作業用の道路である。立ち入り禁止になっているので注意してほしい。トイレは、第1駐車場に第1トイレと、バス専用駐車場に第2トイレがある。コース上には、紅葉林内に簡易トイレが1カ所あるだけなので用を済ませてから出発しよう。

第1駐車場から第2駐車場の前を過ぎると左手にブルーベリー園や栗園が見えてくる。この辺りは、木の背丈が低く眺望が良いので**ホオジロ**や**モズ**などの小鳥たちや上空を飛翔する**オオタカ**や**ノスリ**などタカ類を探すのにちょうどよい場所だ。秋冬には**カシラダカ**の群れや**ツグミ**がよく見られる。ここからまっすぐに進むと紅葉林になる。紅葉林は、アカマツとイロハモミジなどが混在した林で、紅葉の季節にはアカマツに赤く色づいたモミジが映える。林に入ってすぐ右手に簡易トイレがある。

ルート途中の放牧場

林の中の小道を静かに歩くと**シジュウカラ**や**ヤマガラ**などの鳴き声が聞こえてくる。冬なら**シメ**や**ビンズイ**が地面で餌を採っているかもしれない。

紅葉林を抜けると松方別邸前の遊歩道に突き当たるので、ここを右折する。遊歩道の一部がサイクリングコー

付近の住所　【栃木県那須塩原市千本松 799】

●自家用車
東北自動車道・西那須野塩原ICから国道400号を塩原方面へ約1km（約2分）。牧場入口に『ホウライの千本松牧場』の大きな看板がある。
駐車場（無料）
第1～5駐車場　1,200台
バス専用駐車場　20台
◆問合せ先
千本松牧場　☎0287-36-1025
那須野が原公園へ直接行く場合は、千本松牧場の手前の信号（那須野が原公園の標識あり）を右折して1.3km。
開園時間 8:30～18:30（冬期17:30）
駐車場（無料）　正面駐車場　約600台
◆問合せ先
那須野が原公園管理事務所
☎0287-36-1220（代）

●公共交通機関
JR宇都宮線・西那須野駅西口よりJRバス塩原温泉バスターミナル行、「千本松」バス停下車（JR西那須野駅から約15分）。
◆問合せ先
JRバス関東（株）　☎0287-36-0109

スにもなっているので、自転車の通行には十分注意してほしい。松方別邸の庭は広い芝生になっていてアカマツの大木が点在している。秋冬には芝生で餌を探す**ツグミ**や**シロハラ**の姿を見ることができるだろう。松方別邸前の遊歩道を進むと右手はアカマツ林、左手は雑木林に変わり、秋冬にはアカマツの樹冠に**エナガ**や**ヒガラ**の混群が見られる。

T字路に突き当たったら左折する。次の十字路まではまっすぐな道で見通

【カシラダカ】

【ホオジロ】

【ヤマガラ】

しが良い。左手はアカマツ林、右手はコナラなど落葉樹の明るい林になっている。キツツキ類がいれば見つけやすい場所だ。立木の間からは草地が見えるので秋冬には**ノビタキ**や**ベニマシコ**などが期待できる。

さらに、次の十字路を左折すると遊歩道の両側はアカマツ林になっている。この辺りではキツツキ類やカラ類を見ることが多い。アカマツ林を抜けると視界が開けて牧草地に出るので、十字路を左折。視界が開けているので塩原方面の山々がよく見渡せる。上空にはタカ類が飛翔していることもあるので探してみよう。牧草地に沿って歩いて行くと松方別邸前を通る遊歩道に出る。ここで、トイレを急ぐ人は桜並木方面へ右折する。第3トイレが桜並木にある。

余裕のある人は千本松温泉方面へ向かおう。左手は畑になっていて見通しが良いので、タカ類や**カワラヒワ**などの小鳥たちが見られる。温泉いちご園を過ぎると第2駐車場が見えてくる。

場内の遊歩道

◆那須野が原公園

那須野が原公園へは、車を利用するほか、千本松牧場から歩いて行くこともできる。第1駐車場から「ウォーターパーク」へ向かい、那須疏水に出たら疏水沿いの散策路「那須疏水探訪の小径」を上流へ向かって歩く。この散策路は那須疏水の管理用道路を利用した1.2kmの散策路で、所々に水力発電の仕組みが展示してあ

【 カワラヒワ 】

【 オオタカ 】

【 コガモ 】

公園内のアカマツ林

る。散策路の両側はアカマツ林や雑木林が残っているので、カラ類やキツツキ類が観察できる。また、春の芽吹きや秋の紅葉もきれいで植物観察にも適している。散策路の終点が那須野が原公園の入口となる。

公園内には「わんぱく広場」や「フィールドアスレチック」などの遊具施設のほか、西側の一角に、かつて千本松一帯に広がっていたアカマツの自然林が残されており、舗装された散策路が整備されている。トイレは、正面駐車場のほか、園内に数カ所あり、身障者用トイレも設置されている。

正面駐車場から左手に遊歩道を行くと、公園管理事務所の前を通って「大池」に出る。「大池」で遊歩道から分かれ、「せせらぎ広場」へ向かう散策路を行くとアカマツ林へ入って行く。「せせらぎ広場」から「やすらぎの森」にかけては、散策路が網目状になって

いる。しかし、所々に案内標識も設置されているので迷うことはない。

アカマツが主体の林であるが、コナラやウリハダカエデなど落葉広葉樹も多く残っており、主に**シジュウカラ**や**ヤマガラ**などカラ類が見られる。冬は**ヒガラ**や**コガラ**なども期待できるだろう。また、地面では**ツグミ**や**シロハラ**、**ビンズイ**などが木葉返しする姿を見かけるかもしれない。

「やすらぎの森」を一巡りしたら「展望塔・サンサンタワー」へ寄ってみよう。秋冬なら隣接する赤田調整池で数千羽のカモが越冬している。調整池内のカモ類は「サンサンタワー」の3F「野鳥観察室」から観察することができる。「野鳥観察室」は東側に向いているので、午前中は逆光になるが、午後からは順光で観察しやすくなる。12月から3月までは、フィールドスコープも設置されており無料で利用できる。ここから**マガモ**や**コガモ**などカモの仲間、**キンクロハジロ**や**カワアイサ**など潜水が得意なカモの仲間やカイツブリの仲間など多種多様な水鳥が観察できる。「サンサンタワー」は、毎週火曜日が休館日なので注意すること。

なお、公園から調整池は入れない。調整池へ入るには『那須野が原総合開発水管理センター』の許可が必要である。問合せ先／那須野が原総合開発水管理センター　0287-36-0632(代)

【千本松牧場】

千本松牧場は、1893年(明治26)に設立。2回総理大臣を務めた松方正義が那須開墾社から土地を譲り受けて開拓した欧米式農場で、当時、最先端の大型農機具を導入した近代農場の草分け的な場所である。大正時代は綿羊や競走馬を飼育していたが、戦後、酪農を始め、1980年代ごろまでは広い牧草地に乳牛が放牧されている光景がよく見られた。今でもホルスタイン牛が飼育され、牧草から牛乳、乳製品まで一貫した生産体制になっている。

場内のレストランでは、ジンギスカンやバーベキューなど肉料理を楽しむことができるほか、売店では美味しい牛乳やアイスクリーム、ヨーグルトなど自家製乳製品がとても人気だ。

【松方別邸】

千本松牧場内にある松方別邸は、1903年(明治36)に松方正義の別荘として建てられたもの。1904年に時の東宮(大正天皇)が滞在中、日露戦争で遼陽陥落の報が届き、一同で万歳をしたことから萬歳閣とも呼ばれている。この別邸には、後の昭和天皇、秩父宮殿下も幼少期に滞在している。

松方別邸

【羽田沼】

羽田沼(はんだぬま)は、大田原市街地から旧陸羽街道沿いに北東へ7kmほど行った所にある約400年前に造られた長さ300m余、幅100m余の灌漑用ため池である。下流には国指定天然記念物「ミヤコタナゴ」の生息地保護区がある。羽田沼には毎年多くのカモ類が越冬し、種類も多い。特に、ハクチョウの越冬地として近隣に知られており、毎年100羽を超すコハクチョウやオオハクチョウが羽を休めている。ハクチョウは、早いものは10月中旬ごろ飛来し3月中旬ごろまで見られる。このほか、オオタカやミサゴなど猛禽類もしばしば姿を見せる。

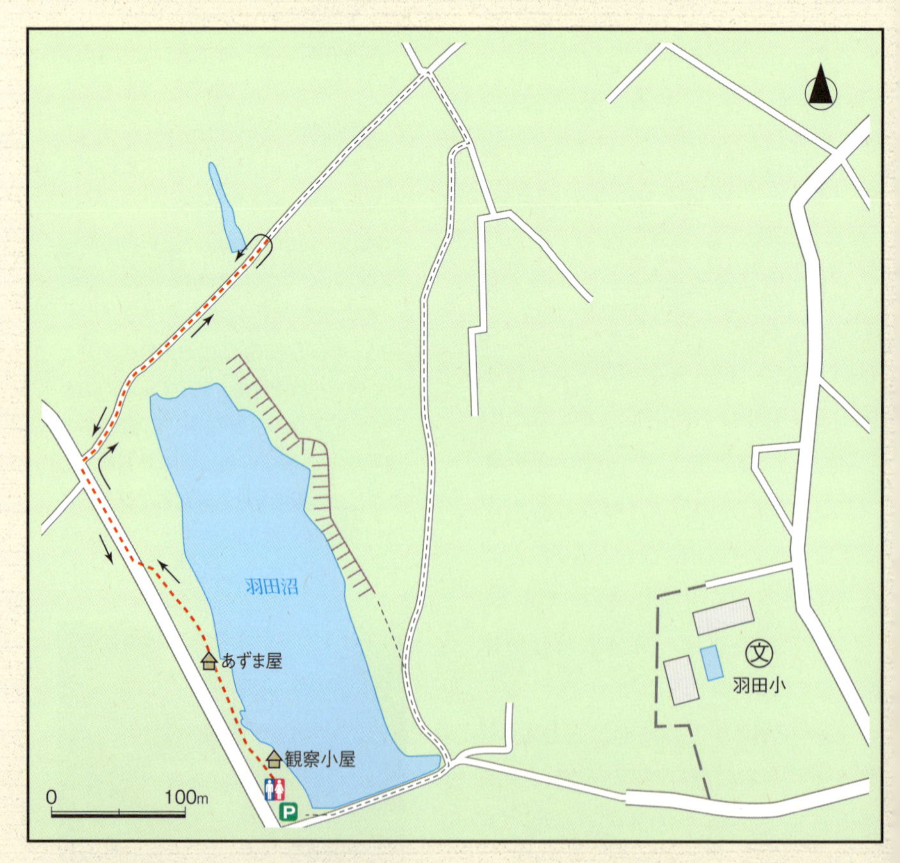

探鳥季節目安 11月～3月

羽田沼にハクチョウが来ると、写真を撮る人や子どもを連れた家族連れなど、沼の周辺は大勢の人で賑やかになる。11月から3月がバードウォッチングシーズンである。池の南端に駐車場があり、ここにトイレがある。沼の西側と南側には遊歩道があり、通常は、この道から人慣れしたハクチョウやカモ類を間近に見ることができる。遊歩道から肉眼や双眼鏡で、また、沼の対岸の鳥はフィールドスコープでじっくり観察すると良いだろう。冬の間は、いつ行っても人がいるが、カモ類が北へ去ると、沼は一変し静かな状態に戻る。夏の間は**カルガモ**と**アオサギ**が目につく程度だ。

羽田沼のハクチョウ

冬の間は**コハクチョウ**や**オオハクチョウ**、**オナガガモ**、**カルガモ**、**キンクロハジロ**、**ホシハジロ**などが岸に近づいてくるので肉眼でも十分に見られる。岸から少し離れた所に浮いている**マガモ**や**ヒドリガモ**、**オオバン**、**カイツブリ**などは双眼鏡で見られるだろう。沼の北側には**コガモ**が多い。また、**ヨシガモ**が越冬している姿がフィールドスコープを使って見ると順光できれいに見える。**オカヨシガモ**がいることもあり、**トモエガモ**が見つかるかもしれない。

ハクチョウの家族が沼の端の方へ移動し、頭を上下させて鳴きあっているならば、飛び立ちも近いと期待してみよう。助走するその姿はかなり迫力がある。ハクチョウやカモの数が増えたの

付近の住所　【栃木県大田原市羽田 786】

●自家用車
東北自動車道・西那須野塩原ICから国道400号を大田原方面へ左折。上赤田交差点で左折する。県道55号、県道259号を経由して国道4号西富山交差点を右折。県道53号（ライスライン）を進み、小滝交差点で寒井方面へ左折。県道342号を進み、乙連沢（おとれざわ）交差点を過ぎた次の左折場所で羽田小学校の看板を目安に「羽田沼白鳥飛来池」の表示に従って左折。上り切った交差点を左折し800mで羽田沼野鳥公園駐車場に到着する。
西那須野塩原ICから約30分。
駐車場（無料）　15台

◆問合せ先
大田原市観光協会　☎0287-54-1110

●公共交通機関
市営バス（金丸方面循環線）があるが便数が少ない。

◆問合せ先
大田原市生活環境課生活交通係
☎0287-23-8832

観察小屋

東岸の丘から見る八溝山

は餌やりをしたからだ。食べ残しや糞で沼の水が汚れ、下流のミヤコタナゴの生息環境にも悪影響を及ぼすので、餌やりは止めてほしい。周辺の田んぼに落穂など餌は十分あり、それらを食べているのが自然な姿である。

駐車場近くでカモ類をじっくり見たら、遊歩道を時計回りで西側の遊歩道を進もう。沼の北側の木には**アオサギ**が多くいる。上空には**トビ**が見られ、カモ類が飛びかう姿が楽しめる。沼の周りでは**キジバト**や**ハクセキレイ**、**ヒヨドリ**、**スズメ**などがいて、**シジュウカラ**がヨシの間で餌を探す姿も見られるだろう。**ハシボソガラス**や**ハシブトガラス**、**カワウ**も飛んでいるのが見られるだろう。運が良ければ**ノスリ**や**ミサゴ**、**オオタカ**などが見られることもある。南側の田んぼでは**モズ**や**ホオジロ**、**カシラダカ**、**ツグミ**なども探してみよう。

沼の北側の道を少し入ると**ウグイス**や**メジロ**、**エナガ**、**カワラヒワ**なども木々の間で確認される。**マヒワ**、**ジョウビタキ**などの冬鳥や**カワセミ**が見られることもある。

ここから来た道を戻ることになるが、そのまま道を上がりきり、右の小道へと進むとカラ類の混群や**アカゲラ**を探しながら沼を一周することもできる。

【 コハクチョウ 】

【 オオハクチョウ 】

【 キンクロハジロ 】

【ミヤコタナゴ】

ミヤコタナゴは、明治時代後半に東京都文京区小石川の旧東京帝国大学付属植物園の池で発見され、「東京のタナゴ」という意味で名付けられた、日本固有の小型淡水魚である。昭和初期には井の頭池および神田川水系にも生息していた。

産卵期に現れる雄の婚姻色は独特で、頭部と背中は青紫、側面は紫、胸腹部は朱色、背ビレは白色、腹ビレと尻ビレは基部から縁辺へと淡黒→白→朱→黒と帯状に染まる。地元では雄の美しい婚姻色からオシャラクブナと呼んでいた。

かつては、関東地方に広く分布する「ごく普通の魚」であったが、天然分布域が東京近郊に偏在しているため、河川改修工事や圃場整備事業、休耕田化、特に、戦後の高度成長期を中心とした都市化にともなう生息環境の荒廃などによってその生息域が激減した。さらに、雄が非常に美しい婚姻色を呈することから相次いだ密漁や密売も減少に拍車をかけた。現在では栃木県など関東地方の一部に生息するのみである。

本種は、湧水に続く小水路と水田耕作地という二次自然に強く依存しており、産卵母貝であるマツカサガイの維持には定期的な水路の土揚げや農業用溜池の池干しなど手入れが欠かせない。人間による耕作生産活動と密接不可分な関係にあり、人手不足や後継者難による耕作放棄など農村社会の荒廃が、本種の将来に暗い影を落としている。

生息環境が次々に破壊され個体数が激減、絶滅に瀕していることから1974年(昭和49)に国の天然記念物に、1994年(平成6)に国内希少野生動植物種に指定。環境省レッドリストでは、絶滅危惧IA類に指定されている。

ミヤコタナゴ

ミヤコタナゴが生息する水路

大田原【大田原龍城公園】

大田原龍城公園（お城山）は、大田原市街の北側を流れる蛇尾川の右岸にできた河岸段丘にあり、地元では、お城山の部分を龍体山、国道461号を挟んで西側へ延びる部分を龍頭山と呼んでいる。龍頭山の北側は川の浸食を受けて急な崖になっているため、植林に適さず広葉樹の自然林が残っている。また、左岸は水田地帯が広がり右岸の市街地とは対照的に開けた空間になっている。川は水深の浅い清流で流れが速い。林あり、水辺あり、田んぼありと自然環境が多様で、野鳥の種類は多く、森林性の鳥類のほか、水辺に生息する鳥類が観察できる。

探鳥季節目安 10月～5月

龍城公園から見た蛇尾川

大田原龍城公園の駐車場を出発し、緩い上り坂を右手へ向かう。両側は雑木林で、晩秋から春には**アオジ**や**シジュウカラ**などが見られる。木陰など薄暗いところでは**クロジ**にも注意しながら坂を登りきると二の丸にでる。左側に公衆トイレがあるので、用がある方は済ませておきたい。コース上には、ほかにトイレがない。

二の丸から本丸に入ると、周囲を土塁に囲まれた広場にでる。土塁にはサクラの古木が植わっており、花見シーズンには花の蜜を求めて**メジロ**の大群が集まってくる。雑木林などでは**アカゲラ**や**アオゲラ**が「キョッキョッ」と鳴きながら姿を現し、**シジュウカラ**や**エナガ**などの混群が観察できる。本丸から引き返し二の丸の手前、左手にあるコンクリート階段を下りる。本丸の裾を回って150mほどで、右側に河川敷へ下りる階段がある。50mほど河川敷を横切ると蛇尾川の右岸遊歩道にでる。

川の上流側に見えるコンクリート造りの取水堰は、**カワセミ**が観察できるポイントのひとつなのでチェックしておきたい。遊歩道を下流へ向かう。晩秋から春には、河原で**イソシギ**や**イカルチドリ**など水辺の鳥たちが採餌しているところを観察できるだろう。

450mほど行くと木橋があるので、左岸へ渡り、堤防をさらに下流へ向かう。河原の枯草では**ホオジロ**や**ベニマシコ**などが観察できる。2月から4月には**キジ**が大きな石や流木などに止まって大

付近の住所　【栃木県大田原市城山 2-16-1】

●自家用車
東北自動車道・西那須野塩原ICから国道400号を大田原方面へ向かう。美原交差点で大田原市街へ左折し国道461号(旧陸羽街道)と合流する。芦野・黒羽方面へ向かい金灯篭交差点から600mほど進むと右手に龍城公園入口の案内板があるが、1本手前の道を右折すると駐車場に近い。約50台。
西那須野塩原ICから約20分。

●公共交通機関
JR宇都宮線・西那須野駅東口より東野バス「五峰の湯・黒羽・福祉大」方面行、「公園前」バス停下車。

◆問合せ先
東野交通(株)　黒磯営業所
☎0287-62-0858

取水堰

きな声で「ケーン、ケーン」と鳴き、両翼を激しく羽ばたかせて「母衣(ほろ)打ち」をするのが見られるかもしれない。また、田んぼの畔などからは**ヒバリ**が「ピュル、ピュル」と複雑に鳴きながら飛び立つ姿が観察できるだろう。

旭橋から引き返し上流へ向かう。木橋から450mほどの所に取水堰があり、先ほどの場所からは見えなかった水面が広がって見える。ここでは、秋から春にかけて**カワセミ**、水面には**カイツブリ**やカモ類、川岸ではセキレイ類が見られるだろう。

国道461号の河原交差点を渡り、堤防に上る。川の対岸は龍頭山の北側の崖で、一部崩壊しているものの概ね自然林が残っている。この辺りでは**ヤマセミ**に出会えるかもしれない。また、**オオタカ**や**ノスリ**など猛禽類の飛翔が期待できるところでもあるので、上空にも注意をはらいたい。河原の枯れた草木では**ベニマシコ**や**ホオジロ**、**モズ**、**ツグミ**、**カワラヒワ**などが見られるだろう。3月下旬までは、北国に帰る**オオジュリン**の群れを探してみたい。

上流方面は、町島大橋を限度に引き返す。河原交差点まで戻って蛇尾橋を渡る。5月から6月ごろなら繁殖のために渡ってきた**オオヨシキリ**が「ギョギョシ、ギョギョシ」とさえずる姿を橋の上から観察できるかもしれない。そのまま、道なりに行くとすぐに龍城公園の入口にでる。

【キジ】

【ヒバリ】

【カワセミ】

【蛇尾川】

那須野が原は、那珂川、蛇尾川、熊川、箒川など複数の河川が形成した複合扇状地で木の葉のような形をしている。大佐飛山を源とする大蛇尾川と日留賀岳を源とする小蛇尾川が山地を抜けた地点で合流して蛇尾川となり、扇状地の中央を流れていく。川は扇央部で地下へ伏流して水無川となり、10km以上も地下を流れる。大田原市に入ったころに再び地表に現れ、清流となって市内を流れていく。

正式名称は「ざびがわ」だが、地元では「じゃびがわ」「だびがわ」などとも呼ばれている。名前を聞くと、蛇の尾のように曲がりくねった暴れ川をイメージするが、実際は、それほど蛇行しているわけではない。一説によれば、「さび」という川の名は、アイヌ語の「サッ・ピ・ナイ」(渇いた小石河原の川)に由来するという。

那須野が原扇状地の扇央部から上は、川沿いでありながら水利の便が悪く、かつては、不毛の荒野であった時期が長く続いた。その昔、蛇尾川河岸の農家に弘法大師が来られて、一杯の水を求めたところ、機を織っていた農婦は面倒だったので「水はない」と嘘を言った。以来、蛇尾川は、その辺りだけ流れなくなってしまったのだそうだ。

水無川となった蛇尾川

【鳥の飛行のしくみ】

鳥のように自由に空を飛べたらどんなに素晴らしいだろうか。ダビンチ以来、飛行は人類の憧れであった。

そもそも物体が空中に浮かび、前進するためには、揚力と推力が不可欠である。鳥はどうやってこれらを得ているのだろうか。

揚力の発生

翼の次列風切り部分の断面を見てみよう。骨の周りの僅かな筋肉に次列風切りの羽軸が付いており、羽軸は上のほうにカーブした流線形になっている。このような翼に前方から風があたると、翼の上面を流れる気流の流速が下面よりも早くなって、上面の気圧が下がる(ベルヌーイの定理)。このため翼の上面と下面の気圧差によって上向きの力、つまり揚力が生まれる。

推力の発生

初列風切りの羽軸は、羽根(うこん)が太く先端ほど細くなっている。また、羽軸の位置は幅の中心からずれていて非対称になっている。翼を打ち下ろす時、初列風切りは下から風を受けてたわみ、羽の先端がねじれてプロペラのような形に変形する。これによって空気は後方へ押し出され、反動で体が前へ進む。すなわち推力が生まれる。

鳥の飛行は、左右それぞれに逆半回転するプロペラを備えた双発飛行機に似ている。

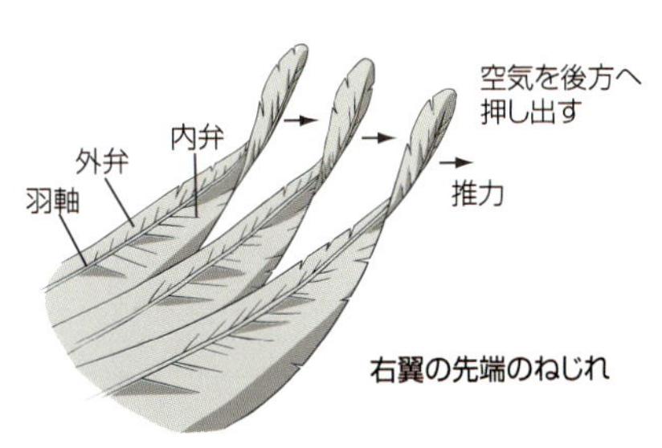

右翼の先端のねじれ

矢板【ミツモチ山】

ミツモチ山は、釈迦ガ岳を主峰とする高原山系の南東に位置する標高1,248mの山である。釈迦ガ岳の東山麓には、噴火により形成された八方ガ原と呼ばれる階段状の溶岩台地が広がっており、下から学校平、小間々台、大間々台と名付けられている。戦前まで放牧が盛んに行なわれていたので、毒性のあるツツジ類が食べられずに残り、今では約20万本のレンゲツツジ・ヤマツツジの群生の名所となっている(5月下旬から6月下旬が見ごろ)。鳥類は、主に山地から亜高山の鳥やクマタカなど猛禽類が見られる。

探鳥季節目安 4月～10月

ミツモチ山への散策は、県民の森キャンプ場（標高700m）、および大間々台（標高1,278m）から出発するコースがあるが、ここではバードウォッチングに適した大間々台から出発し、やしおコース→ミツモチ山→青空コースを巡るコースを紹介する。

やしおコース、青空コースの分岐

大間々台駐車場には展望台があり、間近に高原山の山々をはじめ、眼下には那須野ガ原や関東平野が望め、彼方に那須や八溝の山々を眺めることができる。6月はレンゲツツジの朱色が広がり、初夏から夏にかけて**カッコウ**、**アカハラ**、**ビンズイ**、**アオジ**、**ウグイス**等の高山性の鳥が楽しめる。散策の途中にトイレはないため、駐車場のトイレで用を済ませてから出発しよう。

大間々台から約200m進むと「やしおコース」と「青空コース」の分岐がある。左に折れ、やしおコースからミツモチ山を目指すことにする。やしおコースは、その名のとおりヤシオツツジが多く見られる広葉樹→沢筋→モミやコメツガの針葉樹林間→尾根を歩き、バードウォッチングにも適している。分岐からは広葉樹の明るい下り道がしばらく続き、付近ではカラ類や**アカハラ**などが見られる。初夏には山間に**カッコウ**や**ホトトギス**、**ツツドリ**の声が心地よく響きわたる。

下りが終わると幾筋もの沢を渡り、夏には沢筋に**コマドリ**の声をよく耳に

付近の住所　【栃木県矢板市下伊佐野　八方ヶ原大間々台】

●自家用車
東北自動車道・矢板ICから矢板方面へ向かい、さらに矢板方面へ左折して県道30号に入る。泉交差点で左折し、県道56号を塩原方面へ進む。山の駅「たかはら」手前のＹ字路を左折し、終点が大間々台駐車場。矢板ICから約1時間。
駐車場（無料）　34台　バス専用5台

●公共交通機関
JR宇都宮線・矢板駅より大間々台までタクシー利用。約40分。

◆問合せ先
矢板市観光協会　☎0287-43-0272
山の駅たかはら　☎0287-43-1515

ミツモチ山頂にある展望台

する。運が良ければ、苔むした岩の上や低木にその鮮やかなオレンジ色の姿を見ることができる。

針葉樹の林の中を登り「大丸」の道標に着くと、ミツモチ山までは広葉樹のなだらかな稜線が続く。樹林帯が終わるといきなり木造の展望台が現れ、ミツモチ山の山頂(1,248m)に到着する。

ここからの展望も素晴らしく、関東平野はもちろんのこと、条件が良ければ富士山も見られる。**イワツバメ**や**アマツバメ**のほか、高原山の稜線に**クマタカ**が姿を現すこともある。

ミツモチ山展望台から約50m下ると開けた広場があり、木製のテーブルとベンチが設置されているのでゆっくり休憩や食事をとるのに適している。

ゆっくり休んだら「青空コース」を帰ることにする。青空コースは幅広い林道であり、アップダウンは無く安全に歩くことができる。5月中旬から6月初旬にはシロヤシオの白いトンネルを歩くのでとても気持ち良い。小鳥の声を聞きながら、約1時間で大間々台駐車場に到着する。

体力と時間に余裕があれば、大間々台から小間々の遊歩道を散策するのも良いだろう。小間々台には、"小間々の女王"と親しまれているトウゴクミツバツツジの大木が6月初旬に見事な花を咲かせる。

学校平には山の駅「たかはら」があり、売店や食堂が併設されている。また牧場から八方湖への散策コースも整備されている。

【 イワツバメ 】

【 ビンズイ 】

【 ウグイス 】

【高原山の溶岩台地】

高原山は50万年前活動を始め、10万年前に主な活動を休止した火山群で、南側の釈迦ガ岳火山群と北側の塩原火山群の総称である。

釈迦ガ岳の東山麓には、噴火により形成された溶岩台地が幾つも広がっている。

ミツモチ山（1,248m）　剣ガ峰南東には家族向きハイキングの青空コースにもなっている緩やかな溶岩台地（ミツモチ台地）がミツモチ山まで続いている。途中の平地一体を観満平と呼び、行基が開山し奈良～平安時代初頭までは存在していたと伝わる七堂伽藍が備わっていた与楽山法楽寺の跡ではないかと考えられている所である。この寺は、803年（延暦22）に落雷により大悲閣観音堂のみを残して焼失したが、3年後に移築されて寺山観音寺となり、現在に至っている。

ミツモチ山から麓までは急傾斜の斜面で、南麓の県民の森から見上げると屏風のように立ちはだかって見える。

ミツモチの由来については、矢板市史の旧長井村史に「三餅山のことで、三つの餅を並べたような山の形から出た名であろう」と書かれている。しかし、ミツモチ山をどの方角からみても3つの餅を並べたような山容には見えない。また、宇都宮領十二か村入会山略図には「三ツ持」と記されているが、これも意味不明である。ミツモチ山の南麓には多くの湧水が存在し、豊富な水量を誇る尚仁沢など幾筋もの沢が流れ下っている。ミツモチとは豊富な湧水を擁する水源を表わす「水持ち」から転化した言葉ではないだろうか。

大間々・小間々　「間々」は、地形の崩れた崖や傾斜地など崩壊地形を意味する日本の古語で、関東地方に多い地名である。

間々の下部には湧水が出ることが多く、大間々の南東斜面にも幾筋かの谷川がある。その昔、弘法大師が、この地形を称賛しながらも、いまひとつの谷があれば「四十八谷」として、ひとつ足りないのは残念であると言い残し、立ち去ったという伝説がある。実際の谷の数は47よりずっと少ない。後に、大師は和歌山県の高野山に修行の根本道場を開いた。

小間々の女王（トウゴクミツバツツジ）

長井から見た釈迦ガ岳火山群。右端の剣ガ峰の手前がミツモチ山

矢板

【県民の森】

県民の森は、栃木県中央部の高原山系の南麓に広がる973haの水源の森。豊かな湧水とツキノワグマをはじめとする生き物の宝庫である。標高412mの寺山ダム周辺から標高1,248mのミツモチ山頂まで、里山から高山地帯と変化に富んだ環境を持つ広大なフィールドである。野鳥についても高山性、森林性、草原性から水鳥とバリエーション豊かな種類を観察できる。特に、宮川渓谷遊歩道では、県鳥のオオルリをはじめ、クロツグミやサンショウクイなどさまざまな森林性の鳥類を目の前にして観察することができる。

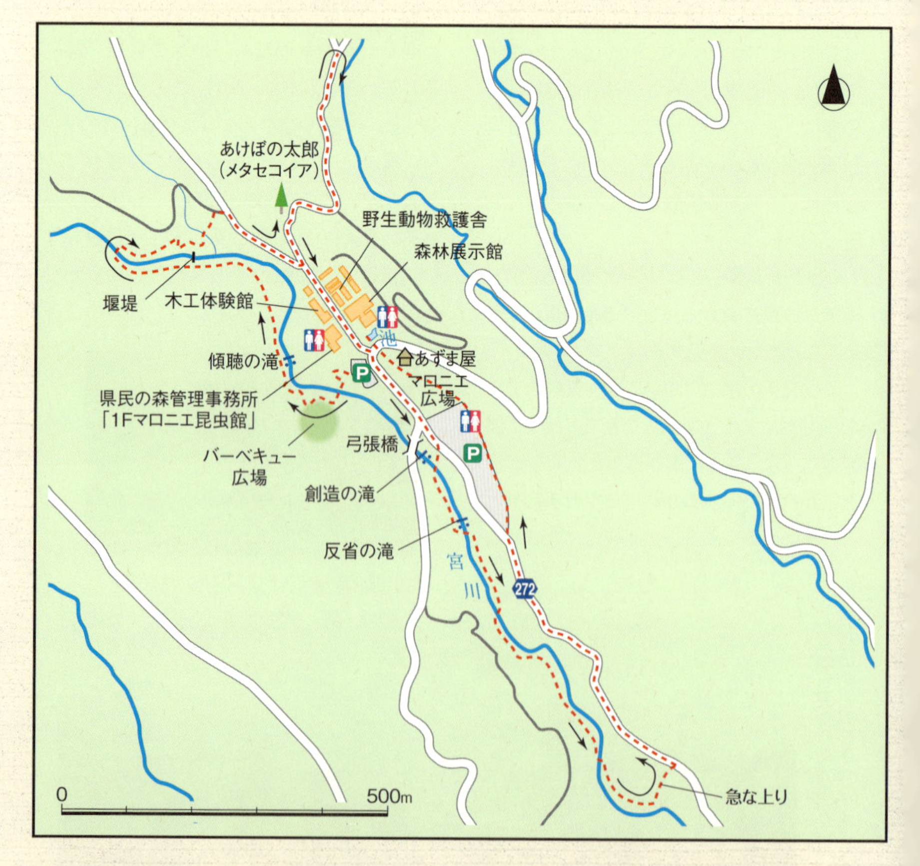

探鳥季節目安 4月～7月／11月～2月

森林展示館

◆宮川渓谷・下流コース

県民の森は、広大な敷地内に縦横無尽に遊歩道が設置され、森林教育や行楽などに開放されている。県道272号の終点(標高約580m)には県民の森管理事務所・森林展示館・マロニエ昆虫館などの施設が集合し、その脇を流れる宮川の渓流沿いに遊歩道が設置されている。ここでは管理事務所南に隣接する小駐車場から出発する下流と上流のコースを紹介する。

小駐車場からは、トイレはすぐ上のマロニエ昆虫館(2Fは管理事務所)と斜向かいの森林展示館内が近い。いずれも入館無料で、森林展示館窓口では常駐インタープリターが自然情報を案内しているので、野鳥情報を仕入

付近の住所　【栃木県矢板市長井2927】

●自家用車

東北自動車道・矢板ICから矢板方面へ向かい、さらに矢板方面へ左折して県道30号に入る。下太田交差点で左折して県道272号に入る。寺山ダムを左に見ながら、さらに北上すると県民の森管理事務所と森林展示館周辺に3カ所、宮川渓谷遊歩道入り口につながる駐車場がある。矢板ICから約30分。

小駐車場(無料)　14台

大駐車場(無料)　約120台

◆問合せ先

県民の森管理事務所

☎0287-43-0479

(年末年始以外の8:30〜17:00)

※野鳥・自然情報に関しては森林展示館へ(電話番号同じ)。

ブログ「森の案内人だより」

http://blog.tochimori.moo.jp/

●公共交通機関

現地までの公共交通機関はない。

宮川渓谷の秋

れてから歩き出すのも良い。

小駐車場で車を降りると、春夏は**オオルリ**、秋冬はカラ類の混群が樹上でさっそく迎えてくれるだろう。年中通してならば**イカル**の群れや**ホオジロ**の姿も見られる。駐車場を出て県道沿いを右に行けば、春夏ならば山肌から夏鳥たちの声が響き、頭上を**サンショウクイ**が飛びかう。

弓張橋わきで車道を渡ってすぐの所、道路右側に「宮川渓谷入口」の看板が見える。遊歩道の階段を下りて行くと宮川渓谷を代表する滝のひとつ「創造の滝」の前に出る。春夏ならば餌を運ぼうとする**カワガラス**の姿が見られ、**ミソサザイ**のかしましい声も響いてくる。

滝つぼ前の橋を渡り、岩のごつごつと露出した遊歩道を進むと、春夏は**オオルリ**や**キビタキ**、**センダイムシクイ**、**コサメビタキ**などが樹上に姿を現す。ここから下流は、特に、夏鳥たちとの距離が近くなる地点で、**クロツグミ**が地面に降りてさかんに餌を探していたり、**サンショウクイ**が眼前の枝に止まってくれたりするときもある。

渓流沿いを進むと、眼下の流れに深い淵「反省の滝」が見えてくる。その先で2本目の橋を渡り、天蓋を覆うような緑の下、夏は**ヤブサメ**の声のする笹ヤブの脇を抜けて行く。春には**ミソサザイ**が巣材にするのか岩の苔を集めていたり、夏は運が良ければ流れの上を**サンコウチョウ**が長い尾をたなび

【オオルリ】

【サンショウクイ】

【ルリビタキ】

かせて、ヒナに餌を運んで行くのに出会えるかもしれない。秋冬はキツツキ類の声に見送られながら、やがて4本目の橋のすぐ手前で県道272号に上がる分岐点に着き、左斜面を見上げれば県道のガードレールが見える。ここで折り返し地点となる。

県道に上がると、目線が河床林の樹冠の高さになるので、樹上の鳥類も観察しやすくなる。ただし、歩道がなく車道沿いの路肩を歩くことになるので、交通には十分注意してほしい。観察もできる限り双眼鏡でお願いしたい。三脚を長時間にわたり道路内に立てて観察するなどの行為は厳にご遠慮頂きたい。

県道沿いを500mほど北上すると右手の大駐車場に入り、東側斜面際を歩く。秋冬はカラ類の混群に出会える。トイレ前を通り過ぎマロニエ広場に入れば、春夏には**クロツグミ**が芝生で採餌している姿もよく見られる。

宮川の流れ

道路を渡ると、池と森林展示館が見えてくる。周辺は年間通してカラ類がよく観察でき、池周辺では、夏にはオオルリボシヤンマなど美しいトンボの姿やモリアオガエル卵塊が観察できる。周辺の植込みでは、春夏は**ウグイス**が盛んにさえずり、時に姿も見ることができる。

◆宮川渓谷・上流コース

下流コースと同じく小駐車場出発だが、こちらは入口の電話ボックスに近いバーベキュー広場案内看板

【ミソサザイ】

【ホオジロ】

【キビタキ】

レンゲショウマ

脇から直接、遊歩道に入る。階段を下り、バーベキュー広場へ渡る橋上から上流を眺めると、春夏は上空が樹冠で覆われ、夏鳥たちの声が緑のトンネルを通って響いてくる。観察できる鳥類は下流コースとほぼ同じだが、上流では、特に、春夏は**オオルリ**や**キビタキ**が間近に来てくれることが多い。秋冬ならば**ルリビタキ**や**カワガラス**が流れの岩をチョンチョンと渡っていくのが見られるだろう。バーベキュー広場から上流に向かって山肌を上る遊歩道を進めば、眼下にやがて美しい「傾聴の滝」が見える。ムササビのかじった枝葉や木の実がよく落ちているのもこの辺で、夏には美しいレンゲショウマの咲く姿も見られる。ここから先、右手に橋と堰堤が見えてくるまでは、夏には**ミソサザイ**や**カワガラス**、**オオルリ**はじめ、小鳥類が餌を運ぶ姿に出会えることが多い。11月上旬ごろは冬鳥の渡りも始まったばかりでバードウォッチングには少し寂しいが、そのころの宮川渓谷は秋の黄葉が素晴らしく、ブナやイヌブナ、ナラ類などの広葉樹が黄金色に谷を埋める。ぜひ来られることをおすすめする。

堰堤の上流で橋を渡れば折り返し

初夏の宮川渓谷

【　コゲラ　】

【　アカゲラ　】

【　ヒレンジャク　】

地点となる。今度は、来た道の対岸を下って行くと、先ほどの堰堤の先で車道に上がる。この周辺では、春夏だと**コサメビタキ**の餌を運ぶ姿がよく見られる。冬には**オオアカゲラ**の姿も見られ、時折、**ヒレンジャク**の群れもやってくる。なお、車道ではガードレールに沿って路肩を歩くことになるので、県道同様、車両の往来に十分注意してほしい。

車道を南下してくると、やがて左前方に大きな禽舎が見えてくるが、こちらは傷ついた野生鳥獣を保護する野生動物救護舎だ。その手前の小さな駐車場から、車道と分岐して左に上がって行く舗装道路に入る。車止めを越えて進むとメタセコイアの大木「あけぼの太郎」の前に出るが、この先は秋冬だと**ミヤマホオジロ**や**カシラダカ**、**ベニマシコ**、**ルリビタキ**などに出会えるかもしれない。50mほど先の右手に、支柱に「(い)」と書かれた看板が見え、鳥居の前を通り過ぎるとやがて砂利道になり、明るい開けた場所に出る。ここでは支柱に「(う)」と書かれた看板があり、冬ならば運が良ければ**ヤマドリ**にも出会える。折り返して車道まで戻り、野生動物救護舎を通り過ぎて森林展示館に至れば、コースは終りとなる。

【生き物と水源の山・高原山】

県民の森がある高原山は日光・那須と並ぶ栃木県下三大火山体の1つであり、釈迦ガ岳(1795m)を最高峰とする複数の山頂を持つ。山頂部では今も蒸気を上げている場所もあり、黒曜石の有名な産地でもある。豊かな湧水を多く持ち、火山の地熱と併せて、麓には塩原温泉や鬼怒川温泉などの有名温泉地が発展している。流れ出す水は利根川水系、那珂川水系に流れこみ、まさに関東圏全体を潤す「水源の山」である。県民の森の中にも無数の名もなき湧水が湧き出し、小さな美しい滝が連なる宮川渓谷の渓流美を作り出している。

生物相も豊かで、植物ではツツジ類の一大群生地でもあり、八方ガ原のレンゲツツジ群落はじめ、県民の森構内のミツモチ登山道では、5月から6月にかけてアカヤシオやゴヨウツツジ、ヤマツツジの文字通り「咲き乱れる」様子を楽しむことができる。動物に関しては哺乳類、爬虫類、昆虫類も多く生息するが、特に森林展示館に隣接する小さな池では、毎年5月下旬から7月上旬はモリアオガエルが繁殖に訪れる。ピーク時には日中も産卵行動が観察でき、多い時では70個以上の卵塊を見ることができる。

モリアオガエル

矢板【川崎城跡公園】

川崎城跡公園は、宮川と東北自動車道との間にある高さ約50mの平山城跡である。一部は高速道路のために削られてしまったが、曲輪や空堀など当時の遺構が良く残されていることから公園として整備が進められている。城山の西側は丘陵が続き、東側は眼下に宮川が流れている。宮川沿いには集落が南北に細長く連なり、その先は、水田が矢板市街まで広がっている。城内は広葉樹や針葉樹が植林されているほか、梅園が整備されている。春先にはウソやマヒワ、カラ類などが観察でき、また、宮川ではカワセミなど水辺の鳥類も期待できる。

探鳥季節目安　通年

川崎城跡

トイレは西駐車場脇とコース途中の東駐車場脇にあるが、用を済ませてから出発したい。西駐車場から左手へ高速道路沿いに下って県道242号に出る。左折して歩道を宮川橋まで行く。歩道の沢沿い周辺では、早春の時期だと**ベニマシコ**や**クロジ**、**アオジ**、**カシラダカ**などが見られる。また、宮川橋周辺では**カワセミ**や**ダイサギ**、**イソシギ**、カモ類がよく見られる。宮川を渡り川沿いの道を上流に向かって歩くと**マガモ**や**カルガモ**、**コガモ**、**オナガガモ**が川面を泳ぎ、**カワセミ**が魚を捕る姿が見られるだろう。4月ごろなら川沿いの崖でカワセミが営巣を始めるので、小魚をくわえて水面スレスレに飛ぶ姿が観察できるかもしれない。堰周辺で折り返し、ともなり橋まで戻る。橋を渡ると東駐車場に出るのでトイレが利用できる。東駐車

付近の住所 【栃木県矢板市川崎反町 720-1】

●自家用車
東北自動車道・矢板ICから矢板方面へ向かい、さらに矢板方面へ左折して県道30号に入る。約3km 北上して木幡交差点を左折する。県道242号を大宮方面へ向かうと前方に川崎城跡の丘陵が見えてくる。案内標識に従って約800mで川崎城跡公園に着く。西駐車場入口は東北自動車道手前を右折する。
矢板ICから約10分。
駐車場（無料） 約20台

◆問合せ先
矢板市　商工林業観光課
☎0287-43-6211

●公共交通機関
JR宇都宮線・矢板駅より
タクシー利用。約5分。

◆問合せ先
矢板ツーリング・タクシー
☎0120-000502

本丸へ向かう階段

場西門、水車小屋裏手にあずま屋、梅林を経て本丸跡へ向かう階段がある。急な階段を上ると梅林に出る。もし、梅の花が見ごろな時期なら**メジロ**や**ヒヨドリ**などが花の蜜を吸う姿も見られるだろう。本丸跡周辺では**コゲラ**や**ヤマガラ**、**メジロ**などが見られるかもしれない。秋冬ならカラ類の混群、梢には**カシラダカ**や**シメ**、**マヒワ**、桜の木には**ウソ**の群れが、また、地面では木葉を返す**ツグミ**や**シロハラ**などが見られるだろう。本丸跡まで上ると視界が開けて、眼下に宮川や矢板市街が見渡せる。また、遠くは八溝山系まで遠望できるので、上空を飛翔している**オオタカ**や**トビ**、**ノスリ**など猛禽類の姿を探す絶好のポイントだ。最後に本丸跡を一巡りして西駐車場へ下る。

【　ウソ　】

【　シメ　】

【　カシラダカ　】

【川崎城】

川崎城は、1199年～1204年（正治・建仁年間）ころに塩谷朝業により築城された平山城である。塩谷朝業は、宇都宮氏宗家第4代当主宇都宮成綱（業綱）の子で、塩谷荘の統治基盤をてこ入れするため、後継者の無い塩谷朝義の婿養子として塩谷氏を継いだ。そのころは宇都宮氏の勢力が増大していた時期で、源姓塩谷氏を支配下に組み込み、北方の那須氏への構えを強化するため築城したと思われる。

東側に宮川が流れ、西から南に弁天川が外堀のように取り巻く丘陵に南北約1km、東西約200mの南北に長い城であった。東側は急勾配であるが西側は比較的ゆるやかな傾斜で、削平地を数段に構え、空堀と土塁をもって回廊状の構造にしていることから別名「蝸牛城」とも呼ばれている。度々戦場となったが、同族による内紛のときを除いて、外敵からの侵略により落城することは一度も無かった難攻不落の城である。

朝業以降、19代にわたって塩谷氏の居城であったが、豊臣秀吉の小田原征伐の際に、時の城主塩谷義綱が直接参陣しなかったことなどを咎められ1595年（文禄4）に改易、廃城になった古城である。

川崎城本丸跡からの眺望（矢板市街）

【信生法師】

朝業は、塩谷荘における統治基盤を構築する傍ら、鎌倉幕府の御家人として源実朝に仕えて、歌詠みの相手となる。鶴岡八幡宮で、実朝が甥の公暁によって暗殺されると、朝業は川崎城に戻り、出家して信生と号した。その後、歌人として京で暮らした。

朝業は、既に母を亡くしていた幼子を残して出家することに心が揺らいだ。南曲輪跡に「信生法師集」から原文を写した和歌2首の歌碑が建っている。この和歌は、出家にあたって父と娘（8歳）の断ちがたい絆に悩む姿が詠われている。

宇良めし也堂れ遠多のめと春天ゝゆく
王れ遠於毛者ゝ可く可へりこよ

恨めしいことです。誰を頼りにしなさいと言って、私を捨てて行かれるのですか。私のことを思うなら早く帰って来てください。

者くゝみし母毛な支春能ひ止り子遠み
春天ゝい可ゝ可へ良左るへ幾

育ててくれた母も居ない家の大切なお前1人を見捨てて、どうして帰らずにいられるだろうか。必ず帰ってきますよ。

朝業は、やがて出家を決意し『まよい来し心のやみも晴れぬべし浮世はなるゝ横雲のそら』を残して京へ旅立った。

信生法師歌碑

塩谷【尚仁沢】

尚仁沢は、高原山（釈迦ガ岳）山麓、標高590mに位置している。高原山系への降水がイヌブナやミズナラなどの広葉樹林の土壌で濾過され伏流したもので、湧水量は日量約65,000tに及ぶ。山岳仏教の盛んな奈良時代に、信者たちが高原山に登拝する際、この尚仁沢（昔は精進沢とも伝えられた）の湧水で身を清めたと伝えられている。四季を通じて水温が11℃前後と一定しており、冬でも渇水や凍結することなく、流域の動植物や人々に潤いを与えている。尚仁沢は周囲を原生林に囲まれており、渓流に生息する鳥類や森林性の鳥類を観察することができる。

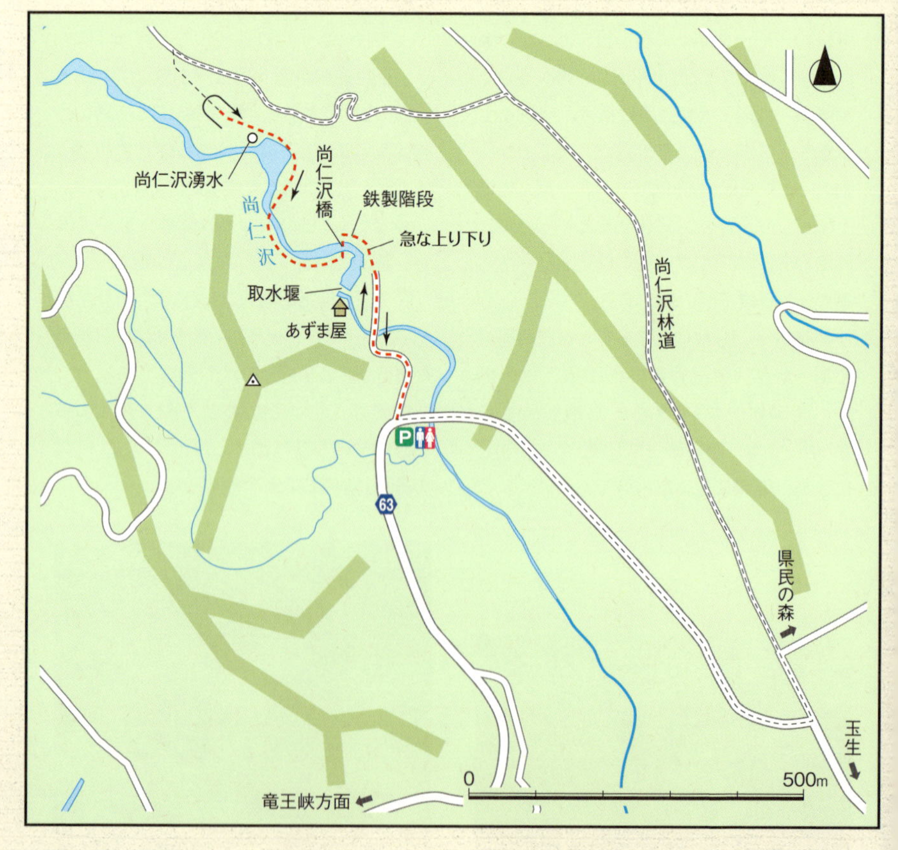

探鳥季節目安 5月～11月

尚仁沢湧水の清らかな流れ

尚仁沢湧水までは北部の尚仁沢林道から入るコースもあるが、ここでは、道幅も広く安全な県道63号から尚仁沢遊歩道を歩くコースをおすすめする。

尚仁沢遊歩道入口駐車場にトイレがある。コース上には、他にトイレはないので用を済ませてから出発したい。

道路を渡り、ゲートが下りた林道から尚仁沢遊歩道が始まる。舗装された林道を５分ほど歩くと尚仁沢の取水堰に着く。周りを山林に囲まれた空間にあずま屋とベンチがあり、沢の流れと小さな堰湖を見下ろせる。水辺には**キセキレイ**や**カワガラス**が流れと戯れている姿を見ることができる。初夏か

付近の住所　【栃木県塩谷郡塩谷町上寺島 1614】

●自家用車
東北自動車道・矢板ICから矢板方面へ向かい、氏家方面へ右折して県道30号に入る。「つつじが丘ニュータウン」の案内板がある交差点を右折して県道74号に入り、大宮上交差点を右折して県道63号に入る。塩谷町役場西交差点を左折して、そのまま県道63号を進む。「県民の森」入口のＹ字路を藤原方面（左方面）に約1km進み、尚仁沢を渡ってすぐ左手に尚仁沢遊歩道入口駐車場がある。矢板ICから約40分。

◆問合せ先
塩谷町役場　産業振興課
☎0287-45-1111

●公共交通機関
JR宇都宮線・矢板駅よりタクシー利用。約40分。

尚仁沢への登山道

ら夏にかけては周りの山林に**オオルリ**や**キビタキ**、**クロツグミ**などが見られ、上空には**カッコウ**や**ホトトギス**、**サンショウクイ**の声も聞くことができる。

沢沿いに少し進むと「尚仁沢湧水群800m」の道標があり、ここから急な上り坂が続く。約10分で尾根を越え、鉄製の階段を下れば尚仁沢橋に出る。登りにひと汗かいた後なので、橋の下を流れる清流がとても気持ち良く感じる。尾根にはコアジサイ、川岸の崖にはイワタバコが自生しており、夏には紫の花が見られる。平坦な草地にはレンゲショウマやアサギリソウも見られ植物の観察も楽しい。

尚仁沢沿いを緩やかに登って行くと、時おり**ミソサザイ**が渓流に負けないくらいの声でさえずったり、**カワガラス**や**キセキレイ**が行き来する姿も見られる。

約20分ほど歩くと、明るく開けた空間の下、苔に覆われた岩や倒木の間を幾筋もの清流が流れる場所に着く。尚仁沢湧水群である。その一角に澄んだ水が滾々と湧き出ているので、おいしい水で喉を潤そう。湧水群周辺では、初夏に**サンコウチョウ**の姿も見ることができる。すぐには見られないかもしれないが、**サンコウチョウ**は縄張りを周回するので、沢のせせらぎを聞きながら、根気よく待つのも良いだろう。

ゆっくり休んだ後は来た道を戻るが、さらに北に進み尚仁沢林道に出て車道を歩いて戻るコースもある。ただし、石づたいに沢を渡るので増水時には流されないよう、特に、注意が必要である。また、舗装された車道を1時間以上歩くのを覚悟しなければならない。

【 **キセキレイ** 】

【 **オオルリ** 】

【 **サンコウチョウ** 】

【霊山 高原山】

「高原山」は、山全体の総称であり、それぞれの峰や谷は、山岳仏教から名づけられた別の呼び名がある。

釈迦ガ岳（1,794m） 高原山の主峰であり、本尊釈迦如来に見立てている。

剣ガ峰（1,540m） 山の頂上に突兀（とっこつ）とした岩石を脇仏不動明王の降魔の剣先と考え、この山全体を不動明王に見立てている。

八海山（1,456m） 現在、八海山とあるが八戒山を誤記したものである。不動明王の象徴である剣ガ峰を前に、仏道修行の第1段階として守らなければならない八戒律を前面に押し出して自律、他律を迫っている。八戒とは次の八つである。

不殺生戒　殺傷しない。
不偸盗戒　盗みをしない。
不邪淫戒　不倫をしない。
不妄語戒　嘘を言わない。
不両舌戒　二枚舌を使わない。
不悪口戒　誹謗中傷しない。
不綺語戒　無駄口を叩かない。
不邪命戒　非合法な仕事をしない。

大入道・小入道　仏道修行の第1関門の八戒律を守り抜き、本尊釈迦如来に一歩近づいた修験者を象徴したもの。

尚仁沢（精進沢） 高原山に登拝する際、この沢の湧水で身を清めたと伝えられている。

観満平　剣ガ峰南東のミツモチ台地にある小さな平地で湿地もある。不動明王を意味する梵語の「クワンマアン」から名づけられた。

【尚仁沢湧水の水質】

尚仁沢湧水は、Ph7.5～8.8の天然アルカリイオン水で硬度21～23mg/Lの軟水である。特に、天然アルカリイオン水は生成されたアルカリイオン水よりもアルカリ性が長期間持続する特徴がある。アルカリイオン水は胃酸過多、下痢・便秘改善、アトピー性皮膚炎、高血圧予防など消化器系疾患や免疫疾患、生活習慣病に効能があるとされている。

硬度は、水に含まれるカルシウムとマグネシウムの金属イオン含有量で分類される。日本では、マグネシウムとカルシウムの量が100mg/L以下の水を軟水としている。

軟水は、飲んだ時に口当たりが良くまろやかで、味に癖がなく、飲みやすいのが特徴である。特に、昆布やカツオで取った出汁を活かし、素材を大切にした調理法で古くから日本人に親しまれている和食の味を引き立ててくれる。また、軟水で炊いたご飯はふっくらとやわらかく炊き上がる。そのため、赤ちゃんのミルクを作る水にも適しており、お茶やお酒の水割り、薬を飲む水にも最適である。

尚仁沢湧水

鬼怒川【川治温泉】

川治温泉は、栃木県西部の山間地にあり鬼怒川と男鹿川が合流する辺りに開けた温泉地である。県内中央部を南流する鬼怒川水系の上流部で、地形はＶ字渓谷になっている。周囲を山々に囲まれていて眺望がきかない。この辺りの鬼怒川は小網ダムでせき止められ、小さなダム湖のようになっている。川の右岸に沿って龍王峡ハイキングコースがあり四季折々バードウォッチングを楽しむことができる。秋冬にはカモ類など水鳥が越冬し、春にはカラ類の他、ヒタキ類など夏鳥が渡来する。また、クマタカなど大型猛禽類が現れるチャンスもある。

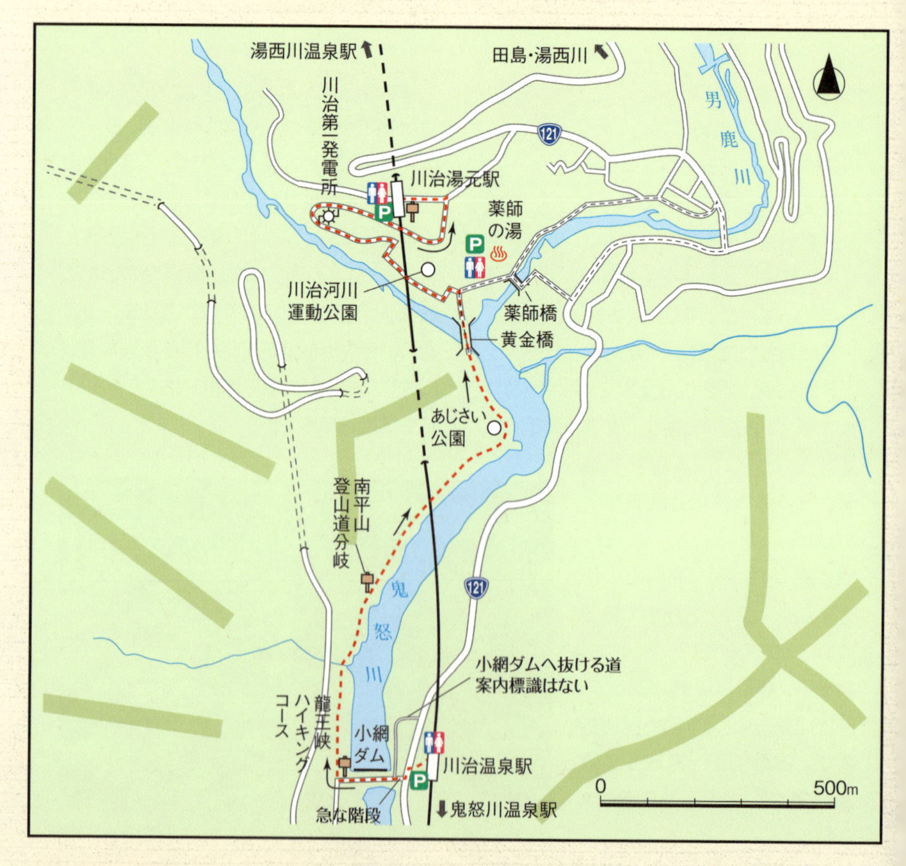

探鳥季節目安 4月～5月／11月～12月

黄金橋

バードウォッチングコースは、龍王峡ハイキングコースの一部である小網ダムから川治湯元駅までの約1.5km。龍王峡ハイキングコースにはしばらくトイレがないので、川治温泉駅舎1階の公衆トイレで用を済ませてから出発しよう。駅舎前の歩道を左手へ行く。国道121号を渡り、さらに20mほど先に龍王峡遊歩道の案内標識がある。小網ダムへ下りる階段は急なので、足元に注意して下りる。

小網ダムの上は遊歩道になっており、上流側はダム湖、下流側は渓谷を見下ろすことができる。ダムの周辺では、初夏ならば**イワツバメ**が無数に飛び交っている。イワツバメを上から観察できるので腰の白い部分がよくわかる。ダム湖の方からは**オオルリ**のさえずりが

付近の住所　【栃木県日光市川治温泉藤原字小綱 1077】

●自家用車
日光宇都宮道路・今市ICを出て国道121号を川治方面へ直進。川治温泉街の手前右側に野岩鉄道会津鬼怒川線の川治温泉駅がある。今市ICから約40分。
川治温泉駅駐車場（無料）13台
川治湯元駅駐車場（無料）　5台

◆問合せ先
鬼怒川・川治温泉公営観光案内所
☎0288-77-3111

●公共交通機関
東武鬼怒川線・新藤原駅で野岩鉄道会津鬼怒川線へ乗り換え川治温泉駅で下車。新藤原駅から約7分。

◆問合せ先
野岩鉄道（株）　☎0288-77-3300

ダム湖へ流れ落ちる沢

聞こえてくるかもしれない。両岸の木陰に**オシドリ**がそっと隠れていることもあるので注意して探してみよう。遊歩道を50mほどまっすぐ行くと龍王峡ハイキングコースに合流する。ここから黄金橋までは未舗装の山道になる。若干、上り下りがあり、一部は道幅が狭く足元の悪い所もある。

龍王峡ハイキングコースを右手へ行くとすぐに薄暗いスギ林に入る。ここを抜けると、山側に広葉樹や針葉樹の自然林、谷側にダム湖が見える。山側からは小さな沢が幾つか流れ下っており木の橋が架かっている。沢は小鳥たちの水浴場にもなっているようなので小休止がてら待ってみたい。**シジュウカラ**や**ヤマガラ**などカラ類が間近に現れるかもしれない。初夏なら**キビタキ**や**センダイムシクイ**などのさえずりにも注意して歩こう。

山道はだんだん平坦になってあじさい公園へ出る。ここにはテーブルやベンチがあるので休憩が取れる。鬼怒川と男鹿川の合流地点で、川の水辺もダム湖も見え、上空も開けているので**キセキレイ**や**カワガラス**のほか、**ハヤブサ**や**クマタカ**などの猛禽類が現れるかもしれない。ゆっくり待ってみよう。

あじさい公園でゆっくりした後は、黄金橋を渡る。橋の上からは鬼怒川と男鹿川、ダム湖が見渡せる。岸辺の木陰に**ヤマセミ**、**オシドリ**などがじっとしているかもしれないので目を凝らしてみよう。

橋を渡って右手へ行くと薬師の湯の手前にトイレがある。時間に余裕があ

【 イワツバメ 】

【 センダイムシクイ 】

【 キビタキ 】

野岩鉄道会津鬼怒川線

れば、さらに男鹿川沿いの河川遊歩道を一巡りしてみたい。**カワガラス**や**イワツバメ**を間近に見ることができるかもしれない。

左手の川治河川運動公園から一般車道を川治第1発電所方面へ向かう。交通量は少ないが、歩道が無いので注意してほしい。発電所を過ぎる辺りからしだいに上り坂となる。坂を登りきるとT字路に出るので左折する。100mほどで川治湯元駅である。川治湯元駅から川治温泉駅へは電車を利用して戻る。車窓からは歩いてきたコースを眺めることができる。一駅約2分。

【ヤマセミ】

【カワガラス】

カラス科の鳥ではなくカワガラス科の鳥である。この科の鳥は、日本には1属1種しかいない。「カラス」とは黒い鳥の意で「河に棲む黒い鳥」が名前の由来である。大きさはムクドリぐらいで雌雄同色。全身がチョコレートブラウン色、足は銀色。

県内では、主に山間地の渓流や河川の上流に生息する。清流を好み、スズメ目の鳥では唯一水に潜ってカワゲラなど水生昆虫や小魚などを捕食する。水中では眼球を保護するため、ゴーグルのように半透明の瞬膜を閉じ、水底を這うように歩き回ったり、足を使わず、羽ばたきだけで前進することができる。そのため「渓流の素潜り名人」と称される。

水から出てくると近くの石などに止まって短めの尾羽を頻繁に上下し、よく瞬きをする。目が一瞬白く見えるが、これは白い下瞼を下から上に閉じているためである。よく瞬膜の動きと誤解されるが、瞬膜は透明、もしくは半透明で白く見えない。下から閉じるのは、上空から襲ってくる天敵に対して警戒しやすく有利と考えられているからだ。

カワガラス

日光

【滝尾古道（東照宮裏山）】

神橋から二社一寺の外周をたどり、滝尾神社まで至る歴史の道「滝尾の道」の一部である。ここは、女峰山、赤薙山の噴火で流れ出た溶岩が稲荷川の浸食と風化によって岩石の多い地形になった。スギの老木が多く、鬱蒼としており、辺りは苔むして荘厳さが漂う。その中に開山堂、観音堂（別名：香車堂）、北野神社、滝尾神社などがひっそりとたたずむ。文字通りの聖域で、良好な自然が保たれている。白糸の滝など清流が幾筋もありミソサザイなど野鳥のほか、花や史跡散策が楽しめる。「もうひとつの日光」と呼ばれるハイキングコースにもなっている。

探鳥季節目安 3月～6月

北野神社と滝尾の道

東照宮大駐車場からスタートするが、トイレはこの先にないので、用を済ませてから出かけよう。駐車場西側の針葉樹からは**キクイタダキ**の鳴き声が、東照宮の方からは**ミソサザイ**のさえずりが聞こえてくる。上空ではタカ類が飛翔していることもある。混雑する世界遺産・二社一寺の観光ルートを避け、ひっそりとした稲荷川に沿って石畳の参道を滝尾神社へ向かう。しばらくは東照宮美術館や社務所の建物の間を抜け、屋根の上の**キセキレイ**を見ながら行く。スギやヒノキの大木の林に入るとカラ類の声がする。カラ類は**コガラ**や**ヒガラ**、**ヤマガラ**、**シジュウカラ**、**ゴジュウカラ**の豪華メン

付近の住所　【栃木県日光市山内　東照宮大駐車場】

●自家用車
日光宇都宮道路・日光ICから国道119号を経由して県道169号に入る。大谷川を渡ったら霧降大橋交差点を左折して県道247号へ入る。T字路（直進は侵入禁止）の手前に東照宮への案内標識があるので標識に従って左折し、次いで右折して日光山内へ入る。「明治の館」前西側に有料駐車場がある。日光ICから約10分。東照宮大駐車場（有料￥600／日）200台

●公共交通機関
JR日光線・日光駅または東武日光線・東武日光駅より東武バス「湯元温泉」「中禅寺温泉」「奥細尾」「清滝」「西参道」「やしおの湯」行、「神橋」バス停下車、徒歩5分。

◆問合せ先
東武バス日光（株）　日光営業所
☎0288-54-1138

香車堂（左）と開山堂（右）

上っていくと、所々に説明板が立っている。これらを読み歩くのも面白い。石畳が濡れている時は非常に滑りやすいので、右側の道路を歩いた方がいい。稲荷川では**キセキレイ**や**ミソサザイ**、**カワガラス**などが確認できる。4月下旬ごろ、稲荷川手前の樹木上や石畳沿いの木立の上の方では、渡ってきたばかりの**オオルリ**や**キビタキ**、**コサメビタキ**、**センダイムシクイ**などが見られる。白糸の滝までは聞き耳をたてておく必要がある。北野神社を過ぎ、水道の貯水池に到着すると、池周辺では**ミソサザイ**がさえずっている姿をよく見る。**ヤマガラ**などカラ類を見ながら石畳を進むと左手の崖の周辺が明るく開ける。落葉樹の大木を**ゴジュウカラ**や**キバシリ**が行ったり来たりしているかもしれない。しばらくすると高さ約10mの白糸の滝に行き着く。ここは

バーである。日光開祖、勝道上人の木像が安置されている開山堂に来ると、高い木立に、またもや**キクイタダキ**が見え隠れし、つい上の方を見とれていると首が痛くなる。**ミソサザイ**のさえずりもこの辺から間近に聞こえるようになるが、周りが暗いのでなかなか見つけにくい。じっくりと探せば、その愛らしい姿を堪能できる。開山堂の左側に観音堂（産の宮）がある。将棋の駒の香車が積み重ねられているが、香車のようにまっすぐ生まれることを願う安産信仰の社である。ここから石畳を

【ミソサザイ】

【キビタキ】

【ゴジュウカラ】

白糸の滝

天狗沢にかかる名瀑であり、弘法大師修行の場と伝えられている。**ミソサザイ**はこの辺にもいる。滝尾神社は、目の前の石段を上ればすぐだが、右折し道路を横切って駐車場奥の広場に向かう。稲荷川の岸へ視界が開け、赤薙山方面が眺望できる。

ここまで起伏の少ない約1kmの行程であるが折り返しても良いし、滝尾神社へ足を延ばすのも良い。帰路は道路沿いに咲くイチリンソウやヤマエンゴサク、カタクリなどのスプリング・エフェメラル(Spring ephemeral)を見ながら戻るのも楽しい。ここは野鳥や花、史跡が楽しめる貴重なコースである。

【カワガラス】

【東照宮美術館と日光植物園】

東照宮美術館は、障壁画や掛け軸などの日本画100点を公開している。絵画は横山大観や中村岳陵、荒井寛方、堅山南風などの逸品が鑑賞できる。鳥の名画が多いのでバードウォッチング後にぜひ寄ってみたい。

(日光東照宮 ☎0288-54-0560)

神橋から国道120号を西に約2km行くと日光植物園がある。日光植物園は東京大学大学院理学系研究科の附属施設である。東京都文京区に小石川植物園があるが、ここは、その分園である。4月、5月がバードウォッチングのおすすめ時期であり、園内に咲く花と渡ってきたばかりの夏鳥の両方が楽しめる。ただし、5月のゴールデンウィークなどは、混雑するので、その後のほうが落ち着いて野鳥を楽しめる。行かれる場合は、開園日をよく確認してほしい。

(日光植物園 ☎0288-54-0206)

【戦場ガ原（赤沼～湯滝）】

戦場ガ原は、標高約1,400m、男体山、太郎山、山王帽子山などの山麓に囲まれた高層湿原である。湿原は男体山の噴火により堰き止められた湖沼に、土砂が流出し、その上に枯死した水生植物が分解せずに堆積して形成された。湿原の周囲はミズナラやモミの原生林に広く囲まれており森林性や草原性の鳥類のほか、湯川沿いでは水辺の鳥類も観察できる。また夏鳥、冬鳥、漂鳥など四季を通じてバードウォッチングを楽しめる。初夏から秋にかけてワタスゲ、ホザキシモツケ、ズミなどの高山植物が咲く。2005年（平成17）にラムサール条約湿地に登録された。

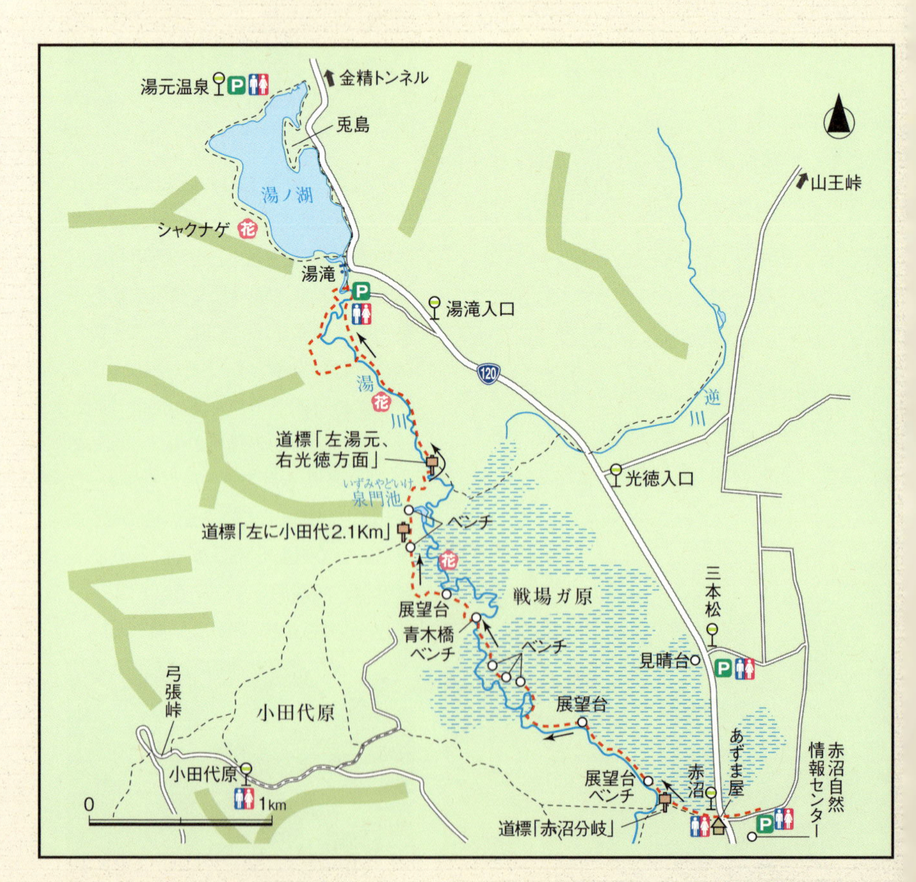

探鳥季節目安　通年

赤沼駐車場・赤沼バス停から戦場ガ原自然研究路を歩く。赤沼から湯滝まではトイレがないため、赤沼の公衆トイレで用を済ませよう。あずま屋の脇より小川に沿ってミズナラの林を5分ほど進むと「赤沼分岐（湯滝4.0km）」の道標がある。右手に入り戦場ガ原自然研究路の木道を進む。多くの観光客も行き来するため邪魔にならぬようスコープ用三脚の設置には十分注意したい。しばらく湯川沿いのズミやカラマツ、シラカバ、ミズナラが混生する林を歩く。特に、初夏はまっ白な花をつけるズミのトンネルが心地よい。林の中では**ゴジュウカラ**や**コガラ**などのカラ類やキツツキ類のほか、夏は**アオジ**や**ニュウナイスズメ**、**コサメビタキ**、**キビタキ**など、冬は**ツグミ**、**アカハラ**、**アトリ**などが観察できる。

赤沼駐車場

木道が大きく右に曲がると戦場ガ原の広大な景色と男体山、太郎山などの雄大な山々が間近に見える。初夏はワタスゲの大群落、夏にはホザキシモツケの群生がきれいだ。木道には幾カ

戦場ガ原の展望デッキ

付近の住所　【栃木県日光市中宮祠 2494　赤沼茶屋】

●自家用車

日光宇都宮道路・清滝ICから国道120号を中禅寺湖方面へ向かう。いろは坂を経て竜頭ノ滝を登りきると赤沼茶屋へ出る。茶屋の角を右折すると裏手に戦場ガ原県営（赤沼）駐車場がある。清滝ICから戦場ガ原県営（赤沼）駐車場まで約30分。駐車場（無料）約200台 バス専用 約15台

◆問合せ先

日光自然博物館　赤沼情報センター

☎0288-55-0880

●公共交通機関

JR日光線・日光駅または東武日光線・東武日光駅より東武バス湯元温泉行、赤沼バス停下車。約50分。観光シーズンは運行時間が大幅に遅れることがある。

◆問合せ先

東武バス日光（株）　日光営業所

☎0288-54-1138

青木橋

所もの展望デッキがあり、バードウォッチングにも適している。夏は湿原に生える木々に**ノビタキ**や**ホオアカ**、運が良ければ**オオジシギ**の姿も見られる。冬は**キレンジャク**や**ヒレンジャク**、**アトリ**、**マヒワ**などの群れも見られることがある。また、空を見上げ**ノスリ**や**チョウゲンボウ**の姿も探してみよう。

木道を進むと、再び湯川に出会い「青木橋」を渡る。夏になると橋の下にバイカモの花が涼しげに咲いているのが見られ、木陰のベンチは休憩するのにとても気持ちが良い。

青木橋からはモミやコメツガなどの樹林帯に入る。カラ類やキツツキ類、**キクイタダキ**も多く根気よく観察したい。

樹林帯と湿原を交互に過ぎると「小田代原分岐」の道標があり、湯滝方面に少し進むと泉門池(いずみやどいけ)に出る。湧水からなる澄んだ池に男体山の雄姿が映り、落ち着いた雰囲気がある。この池の近辺では**マガモ**が繁殖しており、1年中その姿が見られる。冬には**コガモ**や**ヒドリガモ**、**ヨシガモ**、**オシドリ**などのカモたちも多く見られる。幾つものベンチがあるので長い休憩の合間にゆっくり観察するのもよいだろう。

泉門池からミズナラの林を過ぎ、湯川を渡ると上り坂となり「逆川分岐(左 湯滝、右 光徳)」の道標に出る。湯滝方面に進み、再び湯川に沿って歩

泉門池

【 ゴジュウカラ 】

【 ホオアカ 】

【 オオジシギ 】

小滝

く。**カワガラス**や**キセキレイ**が行き来する姿や**ミソサザイ**、**キバシリ**なども多く見られる。夏は**キビタキ**や**サメビタキ**、ムシクイ類も見られる。川の音が大きくなり急な階段を登ると「小滝」に到着。小滝付近では、冬に**アオシギ**が見られる機会が多い。

さらに進み、より水の音が大きく聞こえてくると湯滝に到着する。湯滝からは、湯滝入口バス停からバスで戻るほか、往路を引き返すか、健脚な方は途中小田代原方面に足を延ばし散策する方法もある。また湯滝から湯ノ湖まで登り、湖畔を散策するのも良いだろう。

【ノビタキの装い】

夏羽の雄は、頭部や体上面は黒く、翼には目立つ白斑がある。胸は橙色で下腹は白いのでよく目立つ夏鳥だ。山地の草地などで繁殖しているが、秋の渡り期には平地の水田や草地でも見られる。ただし、夏羽とは装いが一変し、これが同じ鳥かと疑いたくなるほどである。黒かった頭部や体上面は褐色になり、胸から下腹は一様に橙黄色になっている。どんなカラクリで羽色が変わるのだろうか。

鳥の羽色の変化は、構造色や色素による場合と換羽による場合がある。構造色による場合は羽の微細な構造により光が分光されて特定の波長の色が反射してくることで、人の目に特定の色として認識される。マガモの頭部が青色や緑色に見えるのは、そのためである。一方、色素による場合は食べた餌に影響される。

ところが、ノビタキが体色を変えるカラクリは羽替わり、つまり換羽にある。鳥類は、繁殖期が終わると全身の羽が一定の順序で抜けかわり新羽に更新する。秋の渡り期に見るノビタキはまっさらな新羽をまとった姿であるが、春夏には長距離の渡りや繁殖行動によって羽の先端から摩耗していき根元の黒い部分が露出してくるので頭部や体上面が黒く見えるようになる。

夏羽のノビタキ♂

冬羽のノビタキ♂

奥日光

【刈込湖】

奥日光の湯元温泉から光徳温泉までの切込湖・刈込湖ハイキングコースの一部がバードウォッチングのコースとなっている。ここでは、刈込湖からの折り返しを紹介する。コースが山地帯と亜高山帯の境目を通過するので、標高が高くなるにつれてミズナラなど広葉樹主体の森林からコメツガなど針葉樹主体の森林へと変わっていく。亜高山帯ではエゾムシクイ、メボソムシクイ、ビンズイ、コマドリなどの鳥類が見られるようになる。ハイキングコースなので所々に急な上りや下りがある。また、標高が高いので6月ごろまで残雪が残っていることもある。

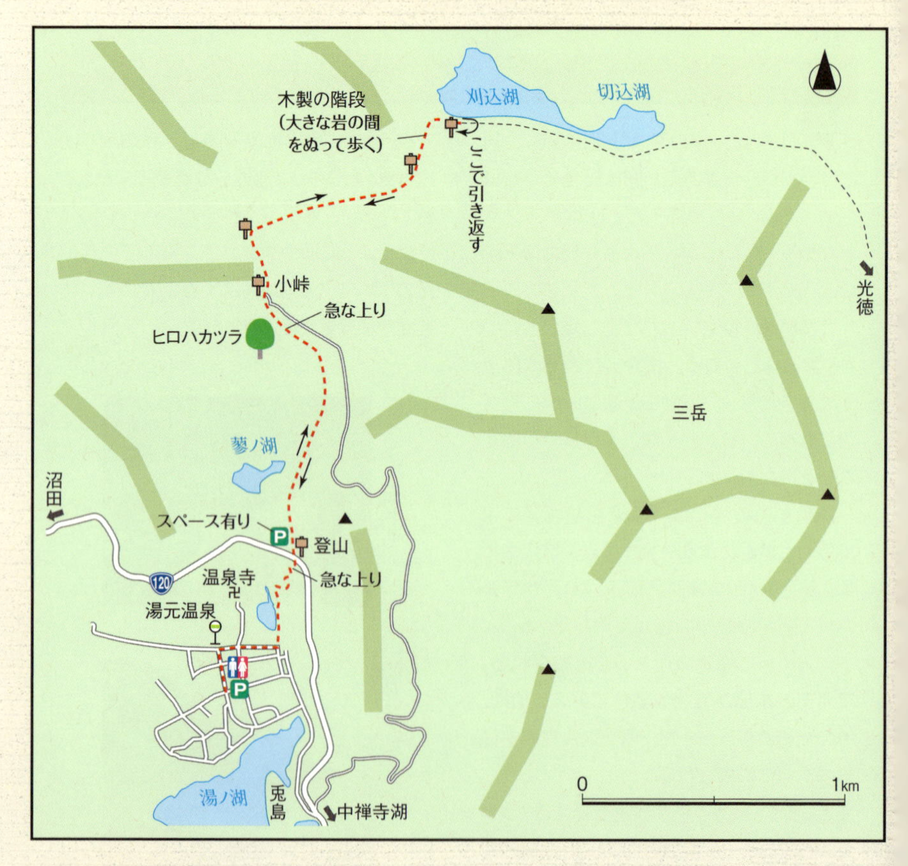

探鳥季節目安 5月~10月

秋の刈込湖

金精道路脇の登山口から「小峠」の手前までは緩やかな上りである。地形は右手の山側から左手の谷側へ急傾斜しているので、谷側の方が開けていて視界が良い。木々の樹冠部を移動するムシクイ類やキツツキ類は見つけやすいだろう。逆に、木の根元や地面で採餌する**アカハラ**や**コルリ**などは山側の方が探しやすい。

途中、標高1,600m辺りから亜高山帯の植生に変わり、しだいにアスナロやコメツガなど針葉樹が目につくようになる。**コガラ**や**キクイタダキ**など針葉樹を好む小鳥たちのさえずりが聞こえてくるようになるだろう。

谷間にヒロハカツラの大きな木が見えたら、いよいよ小峠への急な上りになる。石段状になっているが、段差は

付近の住所　【栃木県日光市湯元　湯元温泉】

●自家用車
日光宇都宮道路・清滝ICから国道120号を中禅寺湖方面へ向かう。湯元温泉入口から金精道路へ入り、約1km行くと右手に切込湖・刈込湖登山口があり、駐車スペースがある。清滝ICから約45分。
駐車場（無料）約10台分（未舗装）
温泉街にも無料駐車場がある。

◆問合せ先
奥日光湯元温泉旅館協同組合案内所
☎0288-62-2570

●公共交通機関
JR日光駅、東武日光駅から東武バスにて湯元温泉行、終点下車。約80分。観光シーズンは運行時間が大幅に遅れることがある。

◆問合せ先
東武バス日光（株）　日光営業所
☎0288-54-1138

登山口から続く小峠への道

不規則なので足元に注意しながら上る。小峠には幾つかベンチがあるので小休止を取りながら小鳥たちのさえずりを楽しみたい。

小峠からしばらく行くと登山道は平坦になる。両側がアスナロなどの針葉樹になっていて日陰が多く、残雪が残っていることもある。木々の合間からは**メボソムシクイ**や**エゾムシクイ**のさえずりが聞こえてくるようになる。

登山道が刈込湖への下りになると，大きな岩がゴロゴロ積み重なったようになっていて岩と岩の間を縫って歩くようになる。また、所々には木製の階段も設置してある。周囲はコメツガの原生林になっており、**コマドリ**や**ミソサザイ**の朗らかなさえずりが響いてくる。しばしば休憩を取りながら木製の階段を幾つか下って行くと刈込湖の湖畔へ出る。

湖畔は視界が開けているので昼食を取りながら、しばらく待ってみたい。**エナガ**や**シジュウカラ**など小鳥たちが近づいてくるだろう。**アカハラ**や**ビンズイ**が鳴きだすかもしれない。

帰りは、来た道を引き返す。また、

小峠の道標

【　アカハラ　】

【　エナガ　】

【　コマドリ　】

針葉樹の原生林

時間に余裕があれば涸沼、山王峠を経て光徳へ抜けることもできる。光徳温泉まで5.2km、約2時間30分の行程。光徳温泉から30分ほど歩いて国道120号沿いにある光徳入口バス停へ出れば湯元温泉行バスがある。

【ヒロハカツラ】

小峠への急な上りにかかる手前にヒロハカツラの大きな木がある。ハート型の葉を付けるカツラよりもひと回り大きく7～10cmでほぼ円形の葉を付けることから「広葉桂」と名付けられている。街路樹や公園樹として植えられているカツラが全国的に分布しているのに対して、このヒロハカツラは、本州以北の亜高山帯だけに分布する、日本の固有種である。樹高はせいぜい5～15mほどで、30mを超すカツラのような高木にはならないそうだ。その点で、ここにある大きなヒロハカツラは珍しい。

カツラの仲間は、秋には黄色く紅葉し、葉から甘い香りを出すことがあるので、牧野富太郎は「香出ら」が名前の由来だろうと言っている。「香の木」の異名もあるとおり古くから良い香りがする木として知られ、加工がしやすい木材としての利用価値が高かった。

香りの芳香成分は長く不明であったが、ようやく近年になってキャラメルの匂いと同じマルトールであることがわかった。しかし、香りを発生する理由や過程にはいろいろな仮説があるものの未だに不明である。

ヒロハカツラの落葉

【 コガラ 】

奥日光【白根山】

白根山は、関東以北では最高峰（標高2,578m）で、一般的には奥白根山と呼ばれている。周りには五色山、前白根山が連なり、中腹には弥陀ガ池や五色沼の美しい火山湖があって、変化に富んだ景観が美しい。高山植物の宝庫でもあることから登山者に人気の山である。ロープウェイを利用すると標高2,000mまで行くことができるが、山頂付近には岩場もあるため登山の装備で臨みたい。ホシガラスやイワヒバリなど、平地ではなかなか会えない高山性の鳥類を見ることができる、数少ない場所である。

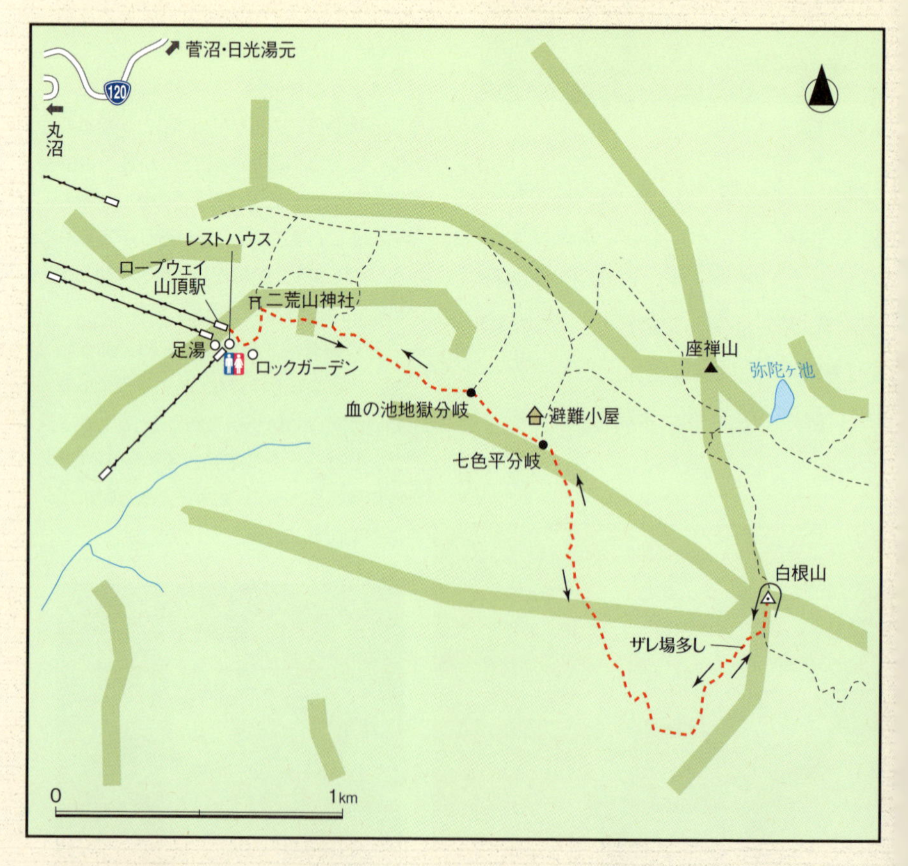

探鳥季節目安　6月～8月

白根山の登山口としては、日光湯元温泉、金精峠、菅沼などがあるが、鳥を見ながら白根山まで登るのであれば丸沼高原スキー場からのコースがおすすめである。コースタイムは、登山ガイドではロープウェイの山頂駅から白根山頂の往復で約5時間としているが、野鳥や高山植物などを観察しながらのんびり歩くことを考えると、7時間を想定しておきたい。なお、夏は午後の天気の崩れが心配されるため、できればロープウェイが動き出す時間（7時30分、時期によって変動あり）には出発することをおすすめする。

森林限界から上の岩場

まず、スキー場の駐車場に車を停めると**ウグイス**や**ホオジロ**、**シジュウカラ**、**キビタキ**、**ホトトギス**などの声が聞こえ、**イワツバメ**が頭上を飛び交う。山麓駅（標高1,400m）からロープウェイに乗車し、山頂駅（標高2,000m）までの2,500mの距離を15分間で移動する。途中、高度が増すとともに、遠

付近の住所【群馬県利根郡片品村東小川 4658-58　丸沼高原スキー場】

●自家用車
日光宇都宮道路・清滝ICから国道120号を日光湯元温泉方面へ向かい、金精道路に入り丸沼高原スキー場へ。センターハウス前の駐車場が利用できる。清滝ICから約1時間。
駐車場（無料）中央P　約200台

●日光白根山ロープウェイ
運転期間　5月下旬〜11月上旬。
運休日があるため事前の確認が必要。
料金　往復2,000円

◆問合せ先
丸沼高原総合案内
☎0278-58-2211

ツガザクラ

くに草津白根山や谷川岳、至仏山などが見えてくる。山頂駅に降りるとすぐにレストハウスがあり、ここが最後のトイレになる。周囲には高山植物を植えたロックガーデンや足湯もあるが、これらは帰りの楽しみとし、コースを進むこととしたい。

ロックガーデン周辺では、樹上で**ビンズイ**が、周囲からは**アカハラ**の声が聞こえてくる。二荒山神社の前を通り、シカ柵をくぐり登山道に入るが、七色平分岐までの約1.1kmまでは道幅が広く、上りも緩やかでとても歩きやすい。この辺りは針葉樹が多く**メボソムシクイ**や**ルリビタキ**、**コマドリ**のさえずりがあちこちから聞こえ、**キクイタダキ**や**ヒガラ**が針葉樹の中を飛び交う姿にも出会うことができる。

七色平分岐を過ぎると、道が今までよりも細くなり急登になる。樹種も針葉樹からハンノキやダケカンバなどの広葉樹が多くなってきて**コサメビタキ**や**ウソ**、**コガラ**、**ホシガラス**が期待できる。さらに急登が続き、大きな岩が出てくる辺りでは、岩の上に群生するイワカガミやゴゼンタチバナなどの高山植物をよく見かけるようになる。

森林限界を過ぎると、一気に視界が広がる。頂上までの道はザレ場が多く歩きづらいが、ツガザクラやハクサンチドリのほか多くの高山植物とともに**キセキレイ**や**カヤクグリ**など高山性の鳥類を見ることができる。

頂上からは、眼下に見える五色沼がとても美しく、その先には中禅寺湖や

【カヤクグリ】

【メボソムシクイ】

【ビンズイ】

イワカガミ

戦場ガ原を見渡せる。また、周辺の岩場では**イワヒバリ**、上空を**アマツバメ**が群れ飛んだりするのがよく見られる。

帰路は、同じ道を戻るのが最も近道である。弥陀ガ池方面を回ってみるのも面白いが、山頂からの下りが急なので十分に気をつけたい。また、下りのロープウェイの最終（16時30分）には遅れないように注意が必要である。

最後に、山頂駅に着いたら、足湯でのんびりと疲れを癒すのをぜひおすすめしたい。

【　アマツバメ　】

【白根山の高山植物】

白根山には多くの高山植物が自生しており、「シラネ」の名がつく植物がいくつもある。次の植物は、いずれも白根山で初めて発見されたか、多かったことから「シラネ○○○」と名付けられた。

シラネアオイ　花がタチアオイに似ることからこの名がついた。かつては、弥陀ケ池や五色沼周辺に群生していたが、シカの食害などにより激減し、今は、群生地の周囲に電気柵を設置するなどして保護されている。

シラネアオイ

シラネニンジン　葉の様子が野菜のニンジンに似ていることからこの名がついた。セリ科シラネニンジン属の多年草で、チシマニンジンの別名がある。本州中部以北に分布し、高山の日当たりの良い草地や砂礫地などに生育する。

シラネアザミ　花がアザミに似ていることからこの名がついた。実際は、アザミの仲間ではなく、トウヒレンの仲間で葉にトゲはない。本州中央部の高山帯に分布し、日当たりの良い草地に見られる。

シラネセンキュウ　葉が中国原産の生薬川芎（せんきゅう）に似ていることからこの名がついた。本州、四国、九州に分布し、山地の谷間や林縁など、やや暗く湿ったところに生育する。

奥鬼怒【田代山】

田代山は、栃木県と福島県にまたがる帝釈山脈に位置し、尾瀬国立公園に属している。登山口付近は落葉樹林帯だが、山頂に近づくにつれコメツガやオオシラビソなどの針葉樹林帯に変わる。山頂付近は約25haの田代山湿原と呼ばれる高層湿原を形成しており、主に森林性の鳥類と高山性の鳥類が観察できる。また、ワタスゲやニッコウキスゲ、キンコウカなどの高山植物の宝庫でもある。ただし、5月には登山道に積雪が残り、10月中旬を過ぎると降雪もあるので注意を要する。バードウォッチング目的でもトレッキングシューズや雨具などの登山装備が必要である。

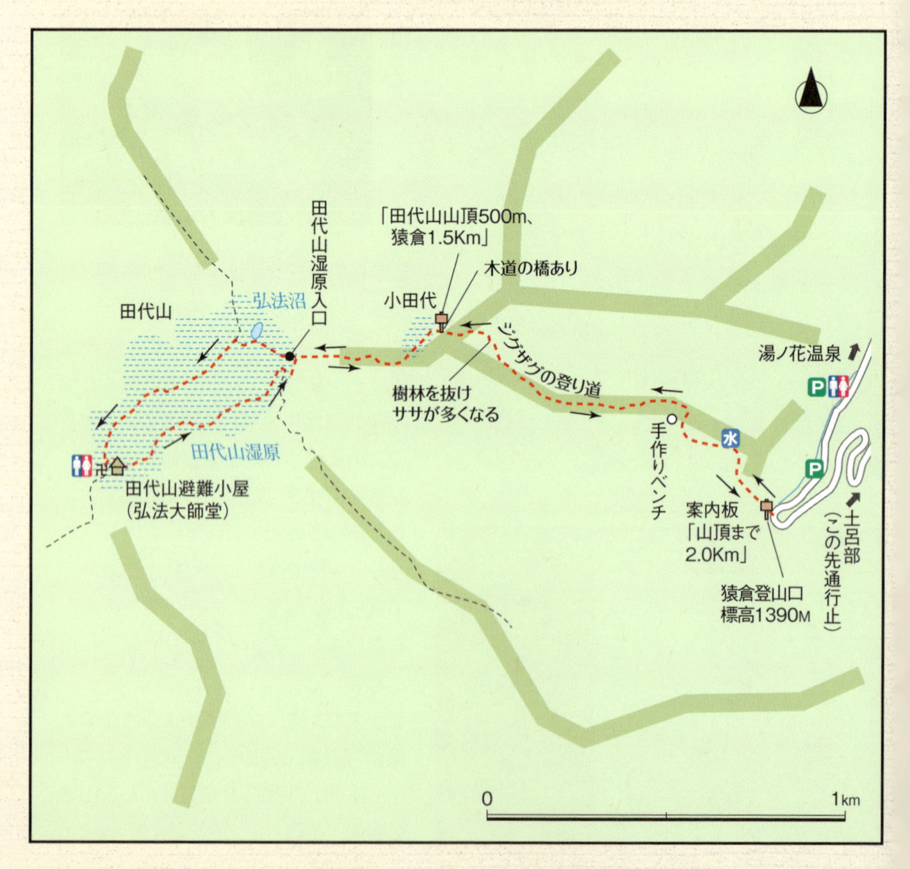

探鳥季節目安 6中旬～8月中旬

頂上の湿原

登山口手前の駐車スペースにトイレがある。ここでトイレを済ませておこう。

出発地点の林道沿いには、田代山麓を起点に新道沢が流れ出しており、間近でさえずる**オオルリ**が迎えてくれる。

登山口に、案内板と登山ポストが設置されている。最新情報を入手してから出発しよう。

登山口からは新道沢に沿った薄暗い広葉樹林帯の緩やかな坂が続いている。渓谷を好む**オオルリ**や**ミソサザイ**が期待できるが、葉が茂ると姿を確認することは難しい。急な登りではないが、一本調子の急登が続く。高度を稼ぐにつれ、沢から離れていくと、登山道右

付近の住所　【福島県南会津町湯ノ花　猿倉登山口】

●自家用車
日光宇都宮道路・今市ICから南会津町松戸原まで国道121号と国道352号を進む。松戸原からは県道350号に入り、湯ノ花温泉（今市ICから約2時間）を経て、田代スーパー林道を猿倉登山口まで入る。松戸原から約14km。登山口の200mほど手前の広場2カ所に50台程度駐車可能。なお、栃木県土呂部側からの林道は通行止め。

◆問合せ先
南会津町役場　舘岩総合支所　企画観光係
☎0241-78-3330

●公共交通機関
野岩鉄道会津鬼怒川線会津高原駅から猿倉登山口を往復するシャトルタクシーがあるが、事前予約が必要である。所要時間1時間30分。

◆問合せ先
みなみやま観光（株）　☎0120-915-221

手に水場が見えてくる。田代山の水場はここだけなので、特に、夏場の水筒補給に利用したい。また、復路の水場は涼を取るのに非常にありがたい。

この辺りから広葉樹の大木はなくなり、頂上湿原までは針葉樹を主体とした混合林となってくる。**カッコウ**や**ホトトギス**の声も頻繁に聞こえるようになる。

登山口と頂上の中間あたりに登山道が少し広くなった休憩場所がある。ここには手作りベンチが設置されており、休憩するのに良い。休んでいると樹上から聞き覚えのない、かぼそいさえずりが聞こえてくることがある。慎重に樹上を動き回る鳥影を探すと、頭頂部に菊の花びらのような黄色と赤色の羽を戴いた**キクイタダキ**を見つけることができるだろう。

森林帯の登山道では、その他にも**コサメビタキ**や**ウソ**、**ルリビタキ**、**コマドリ**、**コガラ**、**ヒガラ**、**コゲラ**などが見られるかもしれない。また、地面に目を移すとゴゼンタチバナやマイヅルソウ、ギンリョウソウなどの植物群落が見られ、疲れを癒してくれる。

しばらく進むと森林帯が途切れ、小田代と呼ばれる小さな湿原に出る。ここは、山頂湿原の直下に位置しチングルマやワタスゲ、イワカガミ、タテヤマリンドウ、ヒメシャクナゲ、トキソウなどが順次花期を迎える。植物は山頂湿原より1週間ほど早く生育するそうだ。

ここから頂上湿原までは一息である。7月中旬には山頂湿原入口でニッコウキスゲの黄色い花が迎えてくれるだろう。山頂部とは思えない広大な湿原と草地が広がっており、解放感が気持ち良い。

ここからは木道を反時計回りに進む一方通行となる。鳥だけでなく、高山植物や虫、周りの風景など、興味は尽きない。しわがれ声の**ホシガラス**や

【カヤクグリ】

【イワツバメ】

【オオルリ】

タテヤマリンドウ

鈴の音のようにさえずる**カヤクグリ**、上空を急旋回する**イワツバメ**や**アマツバメ**などが確認できる。6月下旬のワタスゲや8月のキンコウカの群落は見事であり、この時期に合わせてバードウォッチングするのも良い。

湿原にはベンチがなく木道が狭いため、他の登山者の通行の妨げにならないよう注意が必要である。休憩には弘法大師堂まわりのスペースが利用でき、整備された有料トイレもある。

復路は、往路を戻ることになる。雨の後などは滑るので気をつけて戻ろう。

【田代山の植物】

田代山は、花の百名山にも選定されていて、花を目的に訪れる登山者も多い。湿原は枯れたミズゴケが分解されずにできた泥炭により、雨水のみで維持されている。6月下旬から7月初旬は、綿帽子をまとったワタスゲが緑の湿原に白いアクセントを加え、訪れる者を楽しませてくれる。

ワタスゲの綿帽子は花ではない。ワタスゲは雪解けと同時に花茎を伸ばし、白い刺針状の花被片をラセン状に付ける。種子が成熟するにつれ、果柄が綿毛に変化し、綿帽子をまとったワタスゲとなる。ワタスゲが綿帽子のころ、イワカガミやタテヤマリンドウ、ヒメシャクナゲ、トキソウなどが咲き競い、湿原の花は見ごろを迎える。

同じ時期、弘法大師堂から帝釈山に向かう登山道沿いに1cmほどの小さな白い花が長い茎から垂れ下がって咲くオサバグサの群落が見られる。暗い林床にひときわ清楚で美しい花である。オサバグサは、シダに似た櫛の歯状に切れ込む葉を持った多年草で、1属1種の日本特産種である。分布は局在しており、栃木県では、田代山以外ほとんど見られない。田代山登山の際は、ぜひ見たい植物である。

オサバグサ

【コガラ】

南那須

南那須四季の森（八溝県民休養公園）

栃木県東部の丘陵地にあり、丘陵の緑をそのまま活かした森林公園である。東側に南那須育成牧場の放牧地や雑木林が隣接し、緑地がより広く感じる。園内は樹木の種類が豊富でアカマツなどの針葉樹、クヌギなどの落葉広葉樹、ツバキなどの常緑樹からなる自然林と人工的に植栽された梅林やフユザクラの林などが混在した雑木林になっている。比較的温暖な地域なので、厳冬期でも積雪が少なくシロハラ、カシラダカ、ミヤマホオジロなど多くの冬鳥が越冬する。園内の管理道路は多少起伏があるが、簡易舗装されており歩きやすい。

探鳥季節目安 11月～3月

秋の管理道路

八溝県民休養公園は四季の変化に富む美しい公園で「南那須四季の森」とも呼ばれる。バードウォッチングコースは公園駐車場から園内を周遊して戻ってくる約3.3kmである。

園内には屋外トイレが2カ所しかない。まず、公園駐車場のトイレで用を済ませてから出発したい。駐車場は雑木林に囲まれているが、見通しが良いので**カワラヒワ**や**シロハラ**などを探す最初のポイントだ。駐車場から車道へ出て右折する。交通量は少ないが、歩道が無いので注意してほしい。90mほど行くと左手に管理道路へ下りる道がある。道幅が狭く、普段、車両は入ってこないので安心して歩ける。コースは、簡易舗装された管理道路を道なりに進む。初冬は落ち葉が降り積

付近の住所　【栃木県那須烏山市三箇】

●自家用車

東北自動車道・矢板ICから宇都宮方面へ向かい、さらに国道4号を宇都宮方面へ向かう。片岡交差点で左折し、県道74号を喜連川方面へ向かい、喜連川で国道293号と合流する。国道293号鍬柄坂下(くわがらざかした)の三叉路を右折し、県道222号を道なりに直進する。三箇(さんが)の集落を過ぎると左側に「八溝県民休養公園　四季の森」の案内標識が出ている。案内標識に従って左折し、丘陵を上っていく。ヘアピンカーブを2つ曲がった先の右側に公園駐車場がある。矢板ICから約40分。

公園駐車場（無料）　約100台

◆問合せ先

栃木県県北環境森林事務所

☎0287-23-6363

●公共交通機関

公共交通機関はない。

公園内の車道

もっていて歩くたびにカサコソと音がする。時々、立ち止まって耳を澄ませてはどうか。**ヒガラ**や**メジロ**などの地鳴きが聞こえるかもしれない。

しばらく行くと左手に梅林がある。12種類の梅の木が植えてあるそうだ。陽当たりの良い枝には**ミヤマホオジロ**の群れがやってくるかも。梅林を過ぎると小さな池があり、セキレイ類などがやってくる。池を過ぎるとしばらく上り坂が続くのでゆっくり上っていこう。**トラツグミ**や**アカハラ**が道端へ出てくるかもしれない。上りきると道路は右へ大きくカーブして平坦になる。両側のヤブから**ウグイス**や**アオジ**の地鳴きが聞こえるかも。

道路はしばらく丘陵の南西側斜面を曲がりくねって続く。所々、陽だまりになった場所があり、小休止するにはもってこいだ。休んでいる間に**ツグミ**や**カシラダカ**が目の前の雑木林に現れるだろう。道路が緩やかな下りとなりヘアピンカーブを曲がると最後の上り坂になる。右手に雑木林の樹冠部がよく見えるのでゆっくり登っていこう。**アカゲラ**や**コゲラ**が見つかるかもしれない。

坂を登りきると管理道路が終わり車道に出る。交通量は少ないが、歩道がないので注意してほしい。右折してしば

公園内の管理道路

【ミヤマホオジロ】

【アオジ】

【エナガ】

らく行くと左手にすり鉢状の芝生広場「自由園地」がある。ここは高台で那須連山や八溝山が一望できる。タカ類を探す絶好のポイントだ。また、右手は南西側斜面の雑木林で、上から見下ろすことができる。林床や林間がよく見えるので**ビンズイ**などが見られるだろう。左手の雑木林の入口に屋外トイレがあるが、冬季は閉鎖している。

車道はしだいに右へカーブしつつ緩やかな下りとなり、右手にフユザクラの林が見えてくる。枝にはフユザクラの白い小さな花が疎らに咲いている。ソメイヨシノのような豪華さはないが、花が何もない冬季に見られるのでうれしくなる。左手は南那須育成牧場に接しており、牧柵越しに放牧地を見下ろすことができる。雑木林も広く配置されているので**ノスリ**や**オオタカ**などを探す最後のポイントになるだろう。さらに下って中央広場が見えてくれば公園駐車場はすぐそこだ。

【カシラダカ】

【フユザクラ】

日増しに寒さが厳しくなる初冬、周りの木々には惑わされず枯れ山で凛として咲く姿からだろうか。花言葉は「冷静」。名前の由来は、冬季に冬花が咲くことから。年に二度咲きする珍しい桜で、オオシマザクラとマメザクラが交配したものと考えられている。

11月から12月に1度目の花のピークがあり、ソメイヨシノよりもひと回り小さい。一重咲きで直径3cmほどの白い五弁の花が疎らに咲く。咲き始めは淡白紅色で満開になると白くなる。冬花は、花柄がほとんどないので枯れ枝から直接咲いているように見える。

4月上旬にも2度目の春花が咲き、葉と同時に展開する。春花は、他のサクラと同じように花柄が長い。葉が小型なので小葉桜、また四季桜の別名もある。

冬季に満開になったフユザクラ

氏家【勝山公園】

栃木県中央部を南北に流れる鬼怒川沿いに築かれた中世の勝山城跡とさくら市ミュージアムを中心に勝山公園、ゆうゆうパークからなる一帯である。城跡から勝山公園にかけてはコナラやシラカシ、アカマツなどの雑木林になっているほか、カスミザクラやサトザクラなど多種のサクラが植栽されている。一方、ゆうゆうパークは、芝生広場や大池など人工的な水辺が整備された開放的な環境だ。河川敷や中州などには自然な水辺もよく見える。このため森林性や草原性鳥類のほか、水辺の鳥類や猛禽類など多種多様な野鳥が観察できる。

探鳥季節目安 10月～3月

勝山城跡からの眺望

勝山城跡と勝山公園の遊歩道は未舗装だが、ゆうゆうパークの園路は舗装されている。コースは約2kmで、トイレは駐車場とゆうゆうパークにある。なお、駐車場にあるトイレは身障者用トイレが併設されている。

駐車場先の階段を上るとミュージアムの前庭へ出る。右手の慰霊塔横から遊歩道になっている。周りはコナラ林になっているので**シジュウカラ**や**ヤマガラ**などが見られるだろう。しばらく林の中を行くとやがて勝山パークブリッジに出る。パークブリッジの左手数メートルの所に階段があり河川敷へ下りられる。河川敷へ出ると舗装された平坦な遊歩道となり釜ガ渕へ出る。昔は鬼怒川と草川が合流して渕になっていたそうだが、現在では浅い水辺になって、周りを湿地性の植物が囲んでいる。**クイナ**や**バン**が好みそうな環境なので、

付近の住所 【栃木県さくら市氏家 1297】

●自家用車
東北自動車道・矢板ICから宇都宮方面へ向かい、さらに国道4号を宇都宮方面へ向かう。国道4号川岸南交差点で白沢方面へ右折し県道125号(旧国道4号)へ入る。500mほどで右側に勝山城跡・さくら市ミュージアム荒井寛方記念館の案内標識がある。矢板ICから約20分。 駐車場(無料) 34台 バス専用 4台

◆問合せ先
さくら市ミュージアム
－荒井寛方記念館－
☎028-682-7123

●公共交通機関
直接通じる公共交通機関はない。JR氏家駅東口からタクシーで約5分。

さくら市ミュージアム－荒井寛方記念館－

しばらく待ってみたいところだ。

釜ガ渕から、さらに遊歩道を進むと鬼怒川の堤防に出る。その先は草むらになっているので、ここから引き返すほうが良い。堤防からは河川敷や中洲の草むらがよく見えるので**ベニマシコ**や**ホオジロ**などが姿を現すだろう。

釜ガ渕まで引き返して草川に架かる橋を渡り、左手へ曲がってまっすぐに行くと鬼怒川の堤防に出る。ここからは鬼怒川の上流と下流、中州および対岸の林までよく見える。上空も開けているので**チョウゲンボウ**や**ハヤブサ**など猛禽類を探すポイントだ。

ここからは、ゆうゆうパークの園路を桜づつみへ向かう。大池やジャブジャブ池にはサギ類やカモ類が羽を休めているかもしれない。芝生では**ツグミ**やセキレイ類が採餌しているだろう。桜づつみに上る階段手前に屋外トイレがある。

桜づつみからはパークブリッジを通って城跡へ向かう。サクラが多く植わっているので花芽が出るころは**ウソ**や**イカル**が群れているかもしれない。

二の丸北郭から搦手口までは、崖沿いに遊歩道があるので眺望が良く、天気が良ければ日光連山から那須連山までの山並みが一望できる。眼下には鬼怒川がよく見えるので、水際を歩くシギ類やチドリ類を探すこともできるだろう。大手口橋を渡るとミュージアムの横へ出る。

【シジュウカラ】

【チョウゲンボウ】

【ツグミ】

【シルビアシジミ】

日本産蝶類の中に西洋人の名前を冠した和名で親しまれているものが2種類ある。そのひとつ、シルビアシジミが勝山公園周辺の鬼怒川河川敷に生息している。

この蝶の和名は、国立がんセンター総長で昆虫研究者でもあった中原和郎（なかはらわろう）博士とドロシー夫人の間に生まれ、生後わずか7カ月で没した娘シルビアの名前に由来する。

米国で研究生活をおくる傍ら昆虫の研究にも取り組んでいた博士は、1920年（大正9）、兵庫県で採集されたシジミチョウの標本に、既に亡くなっていた娘の名に因んで *Zizera sylvia* と命名し、新種と記載した論文を英国の昆虫学雑誌に投稿した。しかし、英国雑誌に掲載されたためか日本ではあまり知られなかったようだ。

1940年（昭和15）、岡山県で採集されたシジミチョウの名前が判らず、標本が博士のもとへ持ち込まれた。その時、1920年以降、日本で誰も追加確認していない *Z. sylvia* であることが博士によって判明した。まだ、和名も決まっていなかったので学名から「シルヴィアシジミ」と定めた。

その後、国内で存在が注目されるようになり、白水（しろうず）隆ら若手研究者は、この蝶が新種ではなく、中国大陸に広く分布する *Zizina otis* の1亜種であることを立証した。

さらに、埋もれていたフェントンの記録も見いだされ、日本で初めてこの蝶を採集していたのが、お雇い外国人フェントンとその生徒らであり、1877年（明治10）7月さくら市上阿久津にあった「阿久津の渡し」だったことが明らかにされた。この時に採集された標本 *Lycaena alope* は、現在も大英博物館に保存されている。

フェントンは24歳で英語教師として来日したが、当時、あまり知られていなかった日本の昆虫採集調査も意図していたらしく、昆虫分類にかなりの素養を備えていたようだ。教職に就きながらも時間を作っては昆虫採集のため日本国内を旅行している。

中原和郎博士の付けた *Zizera sylvia* は、フェントンの *Lycaena alope* の同物異名となり、学名を *Z. otis alope* と改められたが、その後の研究により、さらに *Z. otis emelina* と変更されている。学名から sylvia の名は消えたが、和名は白水らの提唱により「シルビアシジミ」が正式名となり今日も用いられている。

フェントン博士

科学第5巻　第4号1935より
所蔵　国立国会図書館
さくら市ミュージアム
―荒井寛方記念館―提供

シルビアシジミ（撮影：松田喬）

茂木

【大瀬那珂川】

栃木県と茨城県の県境、八溝山系の南部に広がる那珂川県立自然公園の景勝地鎌倉山の麓に大瀬平はある。那須野ガ原から流れ出た那珂川は、烏山を過ぎると八溝山系の山々の間を縫うように蛇行して流れる。大瀬の辺りでは川幅が一層狭まり、流れは鎌倉山にぶつかって大きくUターンしている。大瀬平は那珂川に面した小集落で耕作地は少ないが、後背地に落葉広葉樹や人工林からなる低山が控えており、典型的な山村の趣を残している。ここでは、低山に生息する山野の鳥類と清流に生息する水辺の鳥類が見られる。

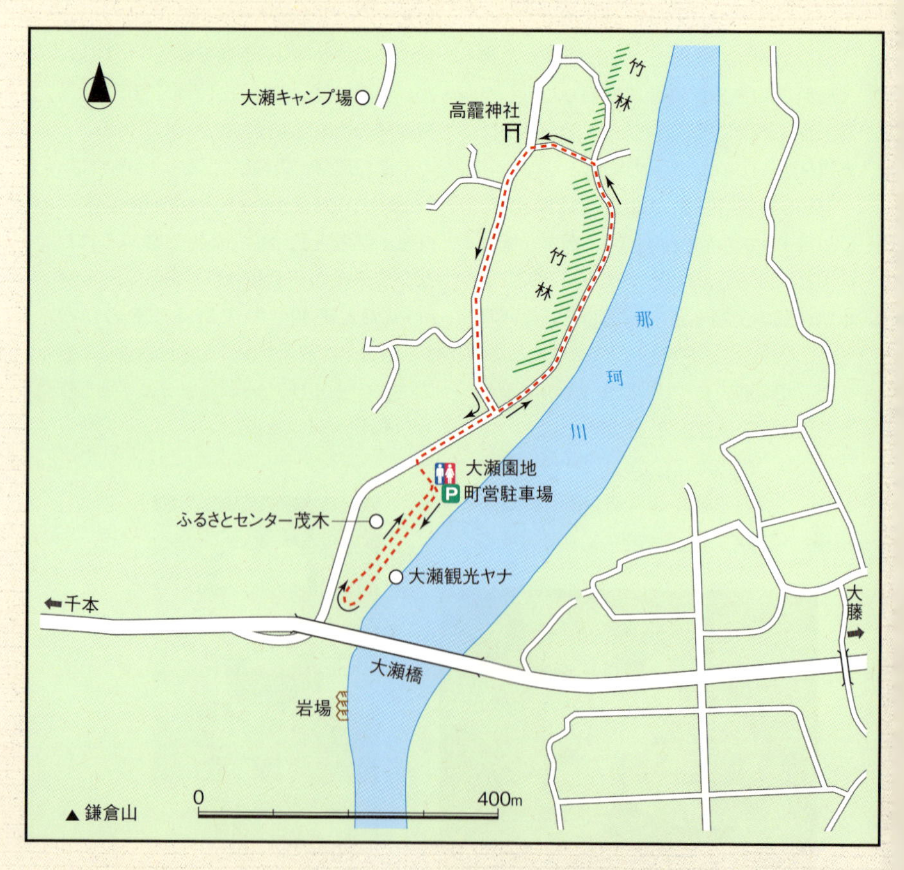

探鳥季節目安 1月～4月 7月中旬～10月31日までヤナ設置のため不向き

河原の道

バードウォッチングコースは、大瀬園地から大瀬平を巡る約1.5kmである。町道以外は未舗装で、一部は河原を歩く。途中にトイレはないので、町営駐車場の一角にある公衆トイレで用を済ませてから出発したい。

いったん「大瀬観光ヤナ」の前を通って大瀬橋の橋脚周りや下流の岩場が見渡せる場所まで行く。鎌倉山の麓も迫っているので目の前の林では**シジュウカラ**や**ルリビタキ**などが姿を見せるだろう。橋脚がある中州では**イソシギ**や**キセキレイ**などが見られる。岩場では**ダイサギ**や**カワウ**が日向ぼっこをしているかもしれない。流れの緩やかな淀みでは**オシドリ**や**ヤマセミ**が見られることもあるので注意して探してみたい。この先に道はないので町営駐車場まで引き返す。

町営駐車場から町道を右手へ進む。町道の交通量は少ないが通行にあたっては十分注意してほしい。しばらく農

付近の住所　【栃木県芳賀郡茂木町大瀬17】

●自家用車
北関東自動車道・真岡ICから国道408号(鬼怒テクノ通り)を茂木方面へ向かう。井頭公園入口交差点で右折し、国道121号、清水から県道163号を七井台町東交差点まで進む。国道123号を茂木方面に向かい、天矢場交差点を直進して国道294号バイパスに入る。千本交差点で右折し、県道338号を「大瀬観光ヤナ」を目指して進む。大瀬橋の手前で右側道に入り、橋の下を潜ると「大瀬観光ヤナ」に出る。「大瀬観光ヤナ」の先に町営駐車場(駐車可能台数15台)と大瀬園地がある。真岡ICから約50分。

◆問合せ先
茂木町役場
ふるさとセンター茂木
☎0285-63-4649

◆問合せ先
大瀬観光ヤナ
☎0285-63-2885

●公共交通機関
真岡鐵道茂木駅よりタクシー利用。約20分。
☎0285-84-2911

河原へ向かう小道

耕地の中の道を歩くので**ホオジロ**や**カシラダカ**、**モズ**などが見られる。川沿いには桜並木があるので花芽が膨らむころなら**ウソ**や**シメ**が啄んでいるかもしれない。

町道が直角に曲がっている所に河原へ下りる小道があるので、まっすぐ河原へ向かう。3月ころなら竹ヤブの周りで**ウグイス**の初音を聞くことができるかもしれない。河原では**セグロセキレイ**や**イカルチドリ**など砂礫を好む鳥が見られるだろう。左右に山が迫っているので、突然、上空にタカ類が現れては消える。常に、上空に気を配りつつ河原を歩こう。

左手に河原から集落へ戻る小道がある。目標物が何もないので見落とさないように注意して欲しい。道の両側には数軒家屋があるだけなので、すぐに町道へ出られる。

町道を左手に向かうと右手に高龗神社がある。雨と龍で構成された漢字が読めないが、地元では「たかお神社」と呼んでいる。町道の左右は狭い農耕地で**タヒバリ**や**カワラヒワ**、**ムクドリ**、**スズメ**など里山の小鳥が見られる。道なりに農耕地の中を町営駐車場まで戻る。

大瀬平から下流の鳥を探す

【キセキレイ】

【ダイサギ】

【タヒバリ】

【龗神（おかみかみ）】

高龗神社の石鳥居に掲げられている額に彫られている雨と龍で構成された龗という漢字は、実は無い。正しくは霝と龍で構成された龗で「レイ、リョウ、りゅう、おかみ」などと読む。霝の下の口３つには重要な意味があって、神と交信するためのサイという器を表わしている。雨の下に器を並べて、雨が降るように祈った雨乞いの様子なのだ。本当は口３つを省略してはいけないのだが、画数が多いためだろうか省略した字が江戸時代ごろから散見されるそうだ。したがって、高龗（たかおかみ）神社が正確な漢字と読みだが、栃木では何故か「かみ」を省略して「たかお」神社と呼んでいる。

龗神は雨水を司る神である。龗の簡略形が龍なので、何のことはない龍神のことである。稲の出来、不出来が生死を分かつ古代にあっては雨水を司る神は畏れ敬われ信仰されたにちがいない。明日は雨が降り、稲が育って妻や子が生き永らえるようにと願って、成就せず餓死した者たちもたくさんいたはずである。かつての悲惨な干ばつや飢饉の記憶がこの漢字に込められている。

高龗神社

洪水や干ばつに対処する必然性から龗神は生まれた。日本書紀によるとイザナミは自身が生んだ火の神カグツチのために焼け死んでしまった。怒ったイザナギがカグツチを切り捨て、その剣の柄から滴り落ちた血から生じたのが龗神であった。龗神からまず暗龗神（くらおかみかみ）が生まれた。暗龗神は谷間に座する神になった。後に、上の方を意味する「高」を付けた龗神が生まれた。これが高龗神（たかおかみかみ）で山頂に座する神である。風神雷神は高龗神の仮の姿だそうだ。

栃木県は、関東平野でも一大米作地帯である。稲作に必要な水を無限に提供してくれる鬼怒川水系の流域、すなわち宇都宮市など下毛野国に龗神を祭る神社が集中しているのだそうだ。一方、那珂川上流の那須烏山市など那須国には龗神を祭る神社はないそうである。これは古代文化圏の違いによるものだろう。

大瀬橋と鎌倉山

宇都宮【うつのみや文化の森】

宇都宮市の市街地の北に位置する里山の自然を生かした26haの公園である。園内には宇都宮美術館がある。コナラやクヌギなどの雑木林に覆われ、その中に2つの池が点在する。美術館の前には広々とした草の広場がある。1年を通じてシジュウカラやヤマガラ、エナガなどが見られ、春秋にはセンダイムシクイやオオルリなどが立ち寄る。冬にはツグミやシロハラ、カシラダカなどがよく見られ、池にはマガモやカルガモが飛来する。園内には遊歩道が整備されており、のんびり散策を楽しむことができる。

探鳥季節目安 11月～3月

草の広場

うつのみや文化の森には遊歩道が整備されており、500mほどの短いコースから、2kmほどのやや長いコースまで、自由に組み合わせてのんびり散策することができる。ここでは、手ごろな1.2kmのコースを紹介する。

園内には駐車場と美術館、森のアトリエ以外にはトイレがないので、駐車場のトイレで用を済ませてから出発しよう。まずは美術館へ向かって歩道を歩いて行こう。歩道の右手に広々とした草の広場が広がっている。冬なら、ここで**ツグミ**や**カシラダカ**、**シメ**などを見ることができるだろう。美術館の手前を左に曲がり、雑木林の斜面を上りながら進む。この辺りでは**シジュウカラ**や**ヤマガラ**、**エナガ**、**コゲラ**などの混群によく出会う。上りきっ

付近の住所　【栃木県宇都宮市長岡町1077】

●自家用車
東北自動車道・宇都宮ICから国道119号を宇都宮市街地方面へ向かい、突き当りを国道4号方面へ左折。しばらく行くと宇都宮美術館の看板が出るので、帝京大学入口交差点を左折して住宅地の中を通る道を進むと公園駐車場に至る。宇都宮ICから約15分。開園時間 8時～22時（駐車場の利用時間）、年中無休
公園駐車場（無料）200台 バス専用 10台

◆問合せ先
宇都宮美術館
☎028-643-0100

●公共交通機関
JR宇都宮駅から関東バス「豊郷台・帝京大学経由宇都宮美術館」行。終点下車（約25分）。

◆問合せ先
関東自動車（株）
☎028-634-8131

調整池

た後は緩い下りである。沢沿いにはうっそうとしたスギ林もあり、冬には**クロジ**や**ミヤマホオジロ**に出会えるかもしれない。その後は、しばらく雑木林の中の平坦な道が続く。初夏の頃には**キビタキ**や**メジロ**、**シジュウカラ**、**ヤマガラ**などのさえずりが聞こえるだろう。冬なら**シロハラ**、**トラツグミ**、**アカゲラ**などに会えるかもしれない。テーダマツの林がある丘陵地の縁を大きく曲がると調整池が見えてくる。ちょっと寄り道して堰堤から池を覗いてみよう。冬であれば**マガモ**や**カルガモ**がいるだろう。上空を**ノスリ**が飛ぶのもこの辺りだ。初夏のころなら**サシバ**が「ピックイー」と鳴いて歓迎してくれるか

【 ヤマガラ 】

【 サシバ 】

【 マガモ 】

もしれない。遊歩道に戻って、また雑木林の中を進む。ここでもカラ類の混群に出会えるかもしれない。雑木林が終わると森の池に出る。この池では**カワセミ**がよく見られるし、冬には**オシドリ**を見たこともある。春のころには、森側の斜面はヤマザクラの花で彩られ、芝生側の斜面には白い清楚なコブシの花が咲く。芝生の斜面で餌をついばむ**セグロセキレイ**や**ハクセキレイ**を横目で見ながら斜面を上れば駐車場だ。のんびり歩いても1時間半ほどで戻って来られる。

森の遊歩道

【宇都宮美術館】

宇都宮美術館とその周辺の公園施設うつのみや文化の森は、宇都宮市の市制100周年を記念してつくられた施設で1997年(平成9)3月23日にオープンした。国内外の、主に20世紀以降の美術やデザイン、宇都宮市ゆかりの美術作品を収集、公開するとともに海外、国内の優れた作品を企画展として年間5回程度紹介している。周辺に広がる豊かな自然環境との調和を保つため、建物の高さは樹高よりも低く設計されている。そのため展示室をはじめ来館者スペースは全て1階にレイアウトされており、加えてできるだけ段差をなくすことにより、車椅子で来館される方にも負担なく移動できるように配慮されている。

宇都宮美術館

【シロハラ】

【セグロセキレイ】

【ハクセキレイ】

【長岡樹林地と長岡公園】

長岡樹林地は、宇都宮市の中心部の北側に接し、長岡公園、富士見が丘団地、宇都宮環状線に挟まれ、奇跡的に残った広さ約100 haの樹林地である。主にコナラの雑木林だが、ヒノキやスギなどの人工林も点在している。中央部を沢が流れ、ため池、ハンノキの湿地、谷津田など水辺環境に恵まれて、里山の面影が今も残されている。樹林地の一部は「公益財団法人グリーントラストうつのみや」が保全管理し、良好な里山環境が維持されている。隣接する長岡公園は、面積が約11 haの総合公園である。

探鳥季節目安　10月～6月

山桜のため池

長岡公園の駐車場から公園内に入ると、左側に公園の案内図があるので、ここで主な施設を確認する。トイレは、ここの駐車場と公園の北東に設置してある仮設トイレのみである。バードウォッチングのコースは、約3.5kmで全般的になだらかである。

軽スポーツ広場を右手に見ながら園路を北上する。南側から西側の樹木の下では**シロハラ**が見られる。公園周囲の樹上では**シメ**や**マヒワ**の群れが見られることもある。軽スポーツ広場や風のひろばの芝生上では**ハクセキレイ**や**ツグミ**が採餌している。ローラースベリ台近くの展望デッキから西側の調整池を見ると、**コガモ**が確認できる。近くからは**モズ**の鳴き声も聞こえてくる。

ここから進路を東にとり、木製ゲートをくぐって、いよいよ長岡樹林地に入る。横切る道路は、車が頻繁に通過するので注意したい。ここは、長岡樹林地の西側の入口になる。長岡樹林地案内板があるので、コースの概況を確認してほしい。中に入って行くと急な

付近の住所 【栃木県宇都宮市長岡町795-3】

●自家用車

東北自動車道・宇都宮ICから国道119号を宇都宮市街地方面へ向かい、長岡町で右折し、道なりに1.3kmで長岡公園駐車場に着く。宇都宮ICから約15分。
駐車場（無料）　30台

●公共交通機関

JR宇都宮駅西口より富士見ガ丘団地行、「団地中央」下車、徒歩7分。

◆問合せ先

関東自動車（株）　☎028-634-8131

田川（西所橋上流）

下り坂になるので十分足元に注意が必要である。この辺りから**カケス**や**コゲラ**、**アカゲラ**、**アオゲラ**の鳴き声が聞こえてくる。下りた所が山桜のため池であり、春にはヤマザクラが咲き**カワセミ**もやってくる。

ため池を左折し、沢の下流方面に向かうと**シジュウカラ**や**ヒガラ**、**エナガ**、**メジロ**などの混群に出会える。**マヒワ**や**アトリ**の群れに出会う年もある。ヒノキなどの針葉樹には**キクイタダキ**の鳴き声や姿が確認できる。しばらく下って行くとヒノキの林に入るが、左側の湿地には**アオジ**や**シロハラ**、**トラツグミ**などが見られる。さらに下ると、左側に谷津田が見えてくる。谷津田の手前の土手まで行って観察すると、田んぼでは**カシラダカ**の群れが採餌している。上の畑では**ホオジロ**や**ジョウビタキ**が見られ、右方向からは**ベニマシコ**の鳴き声も聞こえてくる。上空では、青空をバックにした**オオタカ**や**ノスリ**の飛翔姿が見られることもある。

歩いてきた道に戻り、さらに下って行くと**カケス**の数が急に増えてくる。ドングリが多いせいだろうか。樹林地を抜け田川の西所橋まで行って川面を眺めると**カイツブリ**や**カルガモ**、**マガモ**、**コガモ**、**イカルチドリ**、**ハクセキレイ**、**セグロセキレイ**などの水鳥が確認できる。

ここから折り返し、山桜のため池まで戻る。今度は、進路をまっすぐ南に

【　ルリビタキ　】

【　トラツグミ　】

【　カケス　】

向ける。右側の湿地では青い鳥**ルリビタキ**や**トラツグミ**が見られる。この辺りでは、口笛を吹くような**ウソ**の鳴き声が聞かれる時もあるので耳をすましてみたい。

さらに上っていくと、ヒノキの並木に入るが、運がいい時には**ミソサザイ**に出会える。ここから**シロハラ**、**シジュウカラ**、**カケス**などを見ながら最後の坂を上り、南側の道路に出る。道路を右折し前方の小高い丘にあずま屋があるので、ここを越せば長岡公園の駐車場に出る。

ヒノキの並木に至る坂道

【　モズ　】

【長岡百穴古墳遺跡】

国道119号宇都宮環状道路の北側に、県指定史跡の長岡百穴古墳遺跡がある。これは田川と鬼怒川との間にある宇都宮丘陵の凝灰岩露頭の南斜面を利用して、横から穴を掘り込んで墓室とした横穴墳群である。

横穴の基本形態は、羽子板型の玄室から玄門を経て直接前庭部へ続くもので、羨道に当たるものはみられない。玄室の奥壁はアーチ型でほぼ垂直であり、玄門もほぼ同じ形で、中央部が長方形にあけられている。玄門には扉石を嵌込んだとみられる切込みがあり、現在はないが、当時はほとんどの横穴に扉石があったらしい。

横穴群の造られた時期は明らかではないが、7世紀前期頃に造成された家族墓的な要素が強い横穴墳群と考えられている。百穴と称しているが、現在は縦横1m、奥行きは2mぐらいの穴が52残っている。重複して掘り込まれたものもあり、実際は、もっと多くの墓穴があったらしい。現在、各室に観音像等があるが、これらは後世のものである。

百穴古墳

宇都宮

【石井町鬼怒川】

宇都宮市の郊外を流れる鬼怒川沿いの探鳥地。国道123号に架かる、新鬼怒橋のたもとから下流に向かって石井桜づつみまで堤防上を歩くコース。広々とした河原が一望でき、さらに堤防際にはヨシ原や水路があり春夏秋冬、さまざまな野鳥を観察することができる。

初夏にはオオヨシキリやホオジロがさえずり、コアジサシが川面を飛び交う。秋から冬にかけてはオオジュリンやベニマシコが越冬し、ノスリやオオタカが大空を舞う。春秋にはシギ類やノビタキも立ち寄る。

探鳥季節目安 11月～6月

新鬼怒橋右岸(西側)の堤防上の道を下流方向に1kmほど歩く。道は舗装されており平らで歩きやすい。ただし、管理用道路やサイクリングロードにもなっているので車や自転車には注意が必要である。トイレは終点近くの石井桜づつみに簡易トイレがあるが、できれば現地に来る前に済ませてくることをおすすめする。

まずは、広々とした河原を眺めてみよう。砂礫の中州には**イカルチドリ**や**イソシギ**、セキレイ類などが降りているかもしれない。初夏には川面の上を**コアジサシ**が飛び交っているだろう。空では**トビ**が悠々と旋回し、時に**カワウ**の大群が通過する。

堤防と川との間のヨシ原や草地には小鳥が多い。初夏であれば**オオヨシキリ**や**ウグイス**、**セッカ**、**ホオジロ**がさえずっているに違いない。秋冬には**ジョウビタキ**や**オオジュリン**、**ベニマシコ**、**カシラダカ**、**アオジ**が見られる。また、堤防下の水路沿いのヤブには、**クイナ**が潜んでいるかもしれないので注意深く探してみよう。しばらく歩いて石井桜づつみの辺りに来たら、簡易トイレやベンチもあるので少し休憩しよう。ここは**カワセミ**のよいポイントでもある。たぶん真夏以外であれば、しばらく待っていると「ツィー」という声と共に光る宝石が現れるはずだ。さらに堤防を進むと「石井鬼怒川鳥獣保護区」の看板がある。その少し下流は水路の幅が広がっており、水鳥のよい生息地になっている。初夏であれば**カイツブリ**や**バン**が、冬であればカモ類がいるはずだ。ここでもヨシや枝の先に止まって魚を狙う**カワセミ**が見られるだろう。広大なヨシ原の中に点在するヤナギの木には**アオサギ**や**ダイサギ**が止まっている。冬であれば**オオタカ**や**ノスリ**も止まっているかもしれない。この辺りまで来たらのんびり堤防を戻ろう。往復で2時間もあればゆっくりバードウォッチングが楽しめる。

付近の住所　【栃木県宇都宮市石井町　新鬼怒橋】

●自家用車

北関東自動車道・宇都宮上三川ICから、那須塩原方面へ国道4号を7kmほど走り、国道123号との立体交差点を右折して茂木方面へ向かう。鬼怒川にかかる新鬼怒橋手前の新鬼怒橋西の交差点を左折(新鬼怒橋からは堤防には下りられないので注意)。突き当りを右折すると鬼怒橋(旧道の橋)に出るので、それを渡らずに手前を右折して堤防に沿って下流へ進み、新鬼怒橋の下をくぐって土手に上がると、左手に駐車スペース(10台程度)がある。

●公共交通機関

JR宇都宮駅から東野バス「真岡営業所」行、JR関東バス「清原台団地」行などで、「石井局前」バス停下車(約30分)、徒歩5分。

桑島町鬼怒川（きよはら水辺の楽校）

きよはら水辺の楽校は、鬼怒橋下流約2.5kmの左岸（東側）にある緑地公園である。目の前には広い河原が広がっており、堤防との間の河川敷にはススキの草地やアキグミの生える低木林がある。河原では、1年を通じてサギ類やチドリ類、セキレイ類などが見られる。また冬にはカモ類なども飛来する。河川敷の草地にはヒバリやモズが、低木林にはホオジロやウグイスが生息している。冬にはカシラダカやオオジュリン、ベニマシコもやってくる。またオオタカやハヤブサなどの猛禽類が比較的よく見られるのもここの特徴である。

探鳥季節目安 11月～6月

きよはら水辺の楽校は、緑地公園と言っても芝生の広場がある程度。周辺一帯も園路が整備されているわけではないので、河川敷の草地や低木林の中にある小道を歩くことになる。また、トイレは公園内に簡易トイレはあるが、できれば現地に来る前に済ませてくることをおすすめする。

まずは、目の前の河原で野鳥を探そう。**セグロセキレイ**や**イカルチドリ**、**イソシギ**などが水際で餌を探しながら歩いているかもしれない。中州のヤナギの木には**アオサギ**や**ダイサギ**が止まっているだろう。水面に目を移せば、カモ類や**カイツブリ**が泳いでいる。上空にも注意しよう。周年**トビ**が見られるほか、秋から冬にかけては**オオタカ**や**ノスリ**、**ミサゴ**、**ハヤブサ**、**チョウゲンボウ**などがよく出現する。一通り河原の野鳥を見たら、水際を下流に向かって歩いてみよう。オギやヤナギの低木のヤブには、冬ならば**オオジュリン**や**ベニマシコ**がいる。運が良ければ川面を**カワセミ**が飛ぶかもしれない。水際に別れを告げて、ヤブの中の道を堤防の方に進む。ハリエンジュの高木が点在するススキの草地やアキグミの低木林に出る。初夏であれば**ウグイス**や**ホオジロ**がさえずり、**ホトトギス**が鳴きながら上空を飛ぶ。冬ならば**モズ**や**ジョウビタキ**、**カシラダカ**、**アオジ**が見られるだろう。**オオタカ**や**ノスリ**が高木の枝にとまって獲物を探しているかもしれない。堤防際に出たら、左に折れて小道を北へ向かう。この辺りはやや木が多く、雑木林のような環境になっていることから**エナガ**や**シジュウカラ**、**コゲラ**など森林性の鳥も見られる。ここを抜けると、緑地公園の芝生広場に出る。春なら**ヒバリ**が、冬なら**ツグミ**や**タヒバリ**が芝生の上で餌を探しているだろう。そしてもう一度最後に空を見上げて猛禽類を探そう。最後にビッグチャンスが訪れるかもしれない。

付近の住所　【栃木県宇都宮市桑島町409】

●自家用車
北関東自動車道・宇都宮上三川ICから那須塩原方面へ国道4号を7kmほど走り、国道123号との立体交差点を右折して茂木方面へ向かう。鬼怒川にかかる「新鬼怒橋」を渡ったら、最初の信号のある小さな交差点を右折する（交差点の左側に「きよはら水辺の学校」の小さな看板があるが見落としやすい）。その後は、田んぼの中を通る道を直進し、最初のT字路を右折、さらに進み「きよはら水辺の楽校」の案内標識に従い、十字路を右折した後、突き当りを左折、さらにもう一度右折すると堤防に出る。その堤防を下りると緑地公園がある。
駐車場は、特にない。河川敷内の広い砂利の場所に車を止めることができる。

宇都宮【田川サイクリングロード】

宇都宮市近郊を流れる田川の左岸堤防のサイクリングロードを新川田橋から1km ほど下流の取水堰までバードウォッチングするコースである。新川田橋から下流の左岸一帯は広く水田が残っている。また、河川敷にはサワグルミやニセアカシアの幼木が数本見られ、右岸には河岸段丘の林が広がっている。その下部からは湧水も見られ川面に流れ込む。どちらかといえば市街地に近い自然環境だが水辺の鳥類など四季を通じて約50種の野鳥が確認できる。コースが短いので暑い夏場を避ければ双眼鏡を持って散歩がてらに親子連れで歩くのに適している。

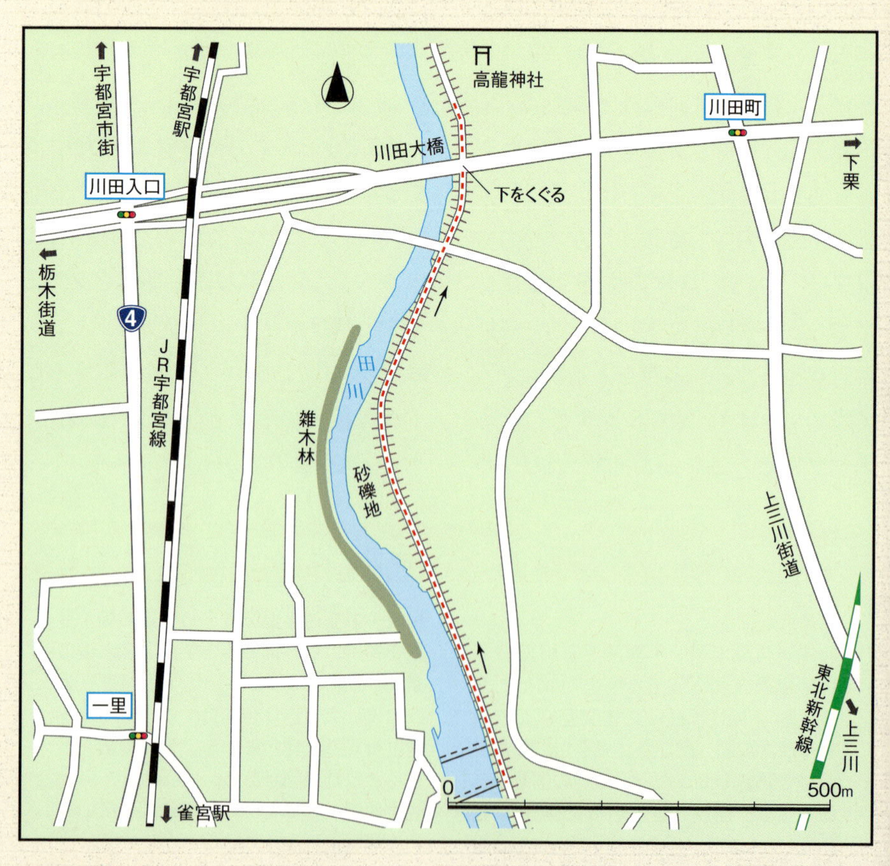

探鳥季節目安 9月～6月

取水堰

新川田橋たもとの高龍（たかお）神社脇から出発する。コース途中にトイレはないので現地に来る前に済ませてきてほしい。

まず、上流へ向かって歩く。サワグルミの幼木が堤防に数本見える。洗濯工場や蒟蒻（こんにゃく）製造工場など住宅地がかなり近いが、まだまだ自然は残っていて、秋にはコスモスの花が咲き乱れる。河原では高鳴きする**モズ**や**ホオジロ**、**カワラヒワ**などが見られるだろう。神社に戻り川田大橋下の隧道をくぐる。右岸には河岸段丘の林が広がっていて**トビ**や**ノスリ**など猛禽類も姿を見せることがある。その斜面の下部からは豊かな湧水が流れており、夏には蛍が飛び交う。川幅が狭いので双眼鏡やフィールドスコープがあれば対岸の林で飛び交う小鳥たちも容易に観察することができるだろう。秋冬なら**カシラダカ**や**シメ**、**ツグミ**などが見られる。草地には**アオジ**や**ベニマシコ**などが越冬しているかもしれない。根気よく探してみよう。河原には狭いながら砂礫地ができているので**イソシギ**や**イカルチドリ**、**セグロセキレイ**など水辺の鳥が餌を探して歩き回っているかもしれない。**カワセミ**が「ツィー」と鳴いて水面近くを飛翔し、春先には幼鳥を連れた**カワセミ**の家族に遭遇することもある。東側には東北新幹線が通っており高圧線の鉄塔が何本も連なる。見えてきた大きな堰は、下流の豊かな水田を潤す農業用水を取水する水門だ。堰の周りでは小魚をじっと狙う**コサギ**や**ダイサギ**、**アオサギ**などが見られるかもしれない。堰まで来たら引き返す。

付近の住所　【栃木県宇都宮市川田町 1122】

●自家用車

東北自動車道・鹿沼ICから鹿沼方面へ向かう。さつき町交差点を直進して、県道6号に入る。宮環鶴田陸橋交差点を右折して県道3号に入る。下砥上町交差点を左折して陽南通りに入り、川田入口交差点を直進して田川に架かる新川田橋を渡ったら直ぐ左岸堤防上の道路へ入る。東側に高龍（たかお）神社の小さな社がある。鹿沼ICから25分。駐車場は、特にないので河川敷の空地に止める。

●公共交通機関

JR宇都宮駅西口のバスターミナルから「江曽島」「西川田東」行か、「石橋」「雀宮陸上自衛隊」行で、「川田入口」バス停下車、徒歩10分。

◆問合せ先

関東自動車（株）
☎028-634-8131

真岡【井頭公園】

井頭公園は、真岡市の北西部に位置する栃木県を代表する都市公園（総合レジャー公園）である。「1万人プール」をはじめ、フィールドアスレチックやボート、釣りなどを楽しめるレジャー施設が充実している。一方、公園の中央部には、面積4.3haのボート池をはじめ、湿地植物園、釣り池と南北に水辺が広がり、これらを囲むように落葉広葉樹林、ブナ・ミズナラ林、アカマツ林、常緑広葉樹林などが整備されている。そのため四季を通じて森林と水辺それぞれの鳥類を観察することができる。特に、冬季にはカモ類が集団で飛来する。

探鳥季節目安 9月～6月

ボート池

西駐車場から出発する。駐車場にもトイレはあるが、バードウォッチングコース上にも程よい間隔でトイレが設置されているので心配はない。

コースは、舗装された散策路がボート池を囲むように整備されており、内周路約2km、外周路約4kmをそれぞれ一周できるようになっている。

冬季は、内周路を歩くのがおすすめだ。「サイクリングセンター」前を通り、両側の雑木林を注意しながら坂道を下る。カラ類をはじめ**シロハラ**や**ジョウビタキ**、季節によっては**イカル**や**コイカル**に出会えることもある。

坂道を道なりに進むと、ボート池が見えてくる。秋冬は、池に数千羽のカモが飛来する。池のほとりの「鳥見亭」のデッキからは、ほぼ終日順光で観察ができる。11月から3月までは、2階の野鳥観察室「鳥見亭」がオープンしてい

付近の住所　【栃木県真岡市下籠谷 99】

●自家用車
北関東自動車道・真岡ICから宇都宮方面へ国道408号（鬼怒テクノ通り）を直進。「井頭公園」の案内標識に従って進むと公園の正面広場に突き当たる。左へ曲がるとすぐに西駐車場がある。真岡ICから約10分。

◆問合せ先
井頭公園管理事務所
☎0285-83-3121

●公共交通機関
JR宇都宮駅、東武宇都宮駅から東野バス「真岡車庫」行き、「石法寺学校前」下車。徒歩約30分。
真岡鐵道真岡駅から東野バス「宇都宮東武」行、「石法寺学校前」バス停下車、徒歩約30分。

◆問合せ先
東野バス（株）　真岡営業所
☎0285-82-2151

鳥見亭

る(毎週火曜日は休館日)。フィールドスコープが設置されており、暖かい室内から観察が可能だ。園内の野鳥情報も得られるので、ぜひ寄ってみよう。

秋冬のボート池では**マガモ**、**カルガモ**、**オナガガモ**が多く、他に**ヒドリガモ**や**コガモ**、**ヨシガモ**、**オカヨシガモ**、**ミコアイサ**が観察できる。また**ハシビロガモ**、**トモエガモ**、**オシドリ**、ハジロ類が飛来することもある。春から夏には**ツバメ**や**コアジサシ**が優雅に舞う姿が見られ、1年を通して**カワセミ**がよく見られる。

ボート池を反時計回りに進むと、池の東側の雑木林で道が二手に分かれる。池側の道を行けばカモを横目に見ながら、林の鳥を探すことができる。東側の道を行けば、林内を見下ろせるので、地上を歩く鳥たちが探しやすい。林内では**シジュウカラ**などのカラ類、冬は**カケス**、**ジョウビタキ**、**ルリビタキ**、**ビンズイ**、**シロハラ**が現れる。

そのまま北に向かい、ボート乗り場のある水上休憩場から池の北側を見てみよう。鳥見亭のデッキからは見えにくかった**マガモ**や**コガモ**、**カイツブリ**、杭に並んだ**カワウ**が観察できる。水上休憩所近くの階段周辺では**ルリビタキ**が手すりに止まっていないかチェック。**キクイタダキ**や**アトリ**も、この辺りで見られることが多い。

ボート池北側にある「湿地植物園」では**カワウ**、**アオサギ**、**ダイサギ**、冬はカモ類、特に**コガモ**が多く、春から秋までは**ゴイサギ**の幼鳥から成鳥まで

【 カイツブリ 】

【 オカヨシガモ 】

【 アオサギ 】

秋の散策路

一緒に観察できる。時には**バン**、**オオバン**、**クイナ**が見られたり、水鳥を狙う**オオタカ**に出会うこともある。

湿地植物園から北側は、さまざまな種類の樹木林となっている。**ウグイス**がさえずり、夏は**キビタキ**のさえずりを聞くこともある。冬は**トラツグミ**や**ミヤマホオジロ**が見られる。

夏季は「サイクリングセンター」前から時計周りに外周路を歩くのがおすすめだ。巣立ちヒナを連れた**シジュウカラ**や**エナガ**が枝に並んでいたり、「アカマツ保存区」では、サギ類が集団でコロニーをつくっている。

【ミコアイサ】

【井頭公園の生きもの】

井頭公園は、市街地からも近く、小さな子どもからお年寄りまで、軽装で散策を楽しめる。野鳥以外にも両生爬虫類や昆虫、四季折々の植物も楽しめる。春には、ハルゼミやシュレーゲルアオガエルの合唱が聞こえ、足元の陽だまりでは小さなハルリンドウやスミレ、タチツボスミレなどが見つかる。冬眠から覚めたばかりのニホンアカガエルやアズマヒキガエルに出会えることもある。季節が進むとセミの声もニイニイゼミからアブラゼミ、ミンミンゼミ、ツクツクボウシへと種類が変わってゆく。トンボやチョウ・ガの種類も豊富だ。夏ならイトトンボやシオカラトンボ、オニヤンマなどが水辺の周りを飛び回っているし、ベニシジミやツマグロキチョウ、アカタテハなどいろいろな蝶々が林の中を飛び回っているかもしれない。

毎回、どんな生きものや草花が見つかるのか、探すのも楽しみのひとつにしてはいかがだろうか。

アズマヒキガエル

ハルリンドウ

鹿沼【黒川橋】

鹿沼市の郊外を流れる黒川の黒川橋から新上殿橋間の約2kmが上殿黒川バードウォッチングコースである。黒川の西側は、例幣使街道に沿って街並みが発展しているが、川の近くは田畑の中に人家が点在する程度である。一方、東側は水田地帯になっている。河川敷内には、まとまった砂礫地があり、雑木やヤブが点在する程度で全般的に見通しは良い。主に市街地近郊の水辺の鳥類や草地の鳥類が見られる。特に、冬は渡り鳥と山から里へ移動してきた鳥たちで野鳥の種類が増えバードウォッチングには最適である。

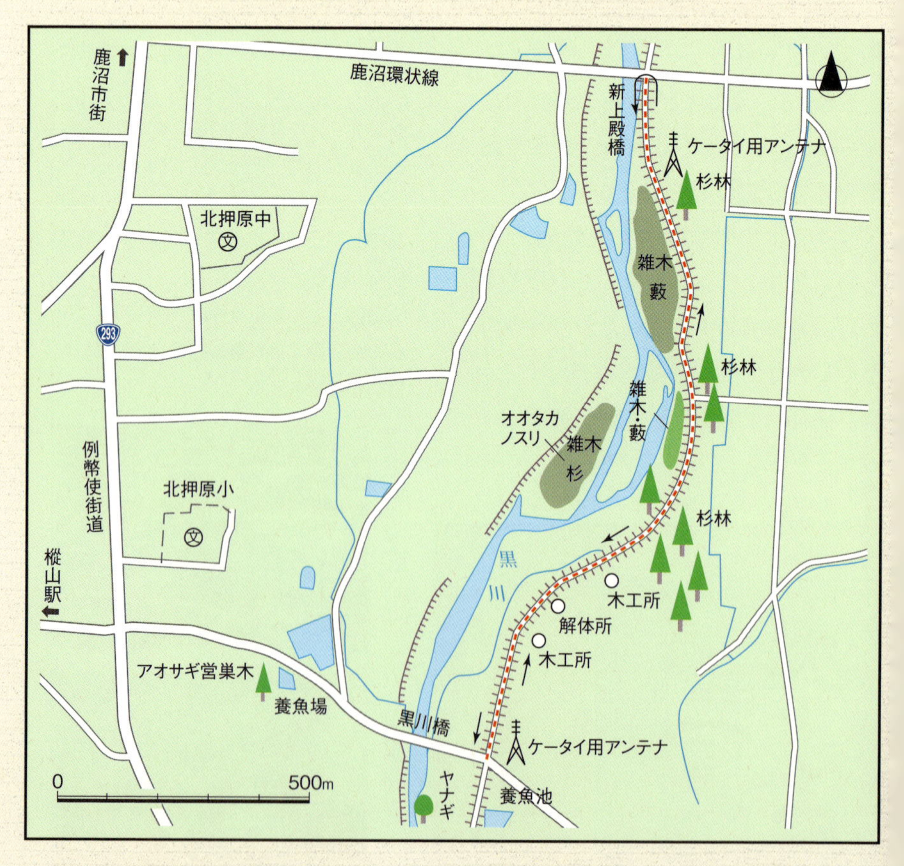

探鳥季節目安 10月～6月

河川敷の風景

黒川橋から上流の新上殿橋に向かって出発する。車道を歩くので走行車両には十分注意してほしい。途中にトイレはないので現地に来る前に済ませてきてほしい。

黒川橋下流の川岸には、大きなヤナギの木があり、毎年3月末から4月上旬にレンジャクの群れが羽を休める。数日間留まり数十羽ほどになることもある。**キレンジャク**より**ヒレンジャク**が多いようだ。さらに、その東側には養魚池があり**カイツブリ**も見られる。また秋の渡り期には**スズガモ**や**キンクロハジロ**などが羽を休めていることもある。一方、西側にある養魚場のスギの木は**アオサギ**の営巣木になっている。

河原は広く見通しが利くので**アオサギ**や**ダイサギ**、**カワウ**などが安心できる場所だ。**イカルチドリ**や**イソシギ**、セキレイ類、**カワセミ**、**カワラヒワ**など、

付近の住所　【栃木県鹿沼市日光奈良部町　黒川橋】

●自家用車
東北自動車道・鹿沼ICから野木方面に直進する。県道6号を経由して東武日光線・樅山駅方面へ向かう。黒川橋手前を左折し堤防上の道路に入る。鹿沼ICから約10分。特に駐車場はないが、黒川橋下流約50mに5～6台止めるスペースがある。

●公共交通機関
東武日光線・樅山駅から県道137号を直進する。国道293号（例幣使街道）を越えて、さらに直進すると黒川橋に着く。徒歩15分。

エノキとクヌギ

時には**ミサゴ**を見ることもある。林やヤブでは**シジュウカラ**や**ヤマガラ**、**エナガ**、**コゲラ**、**ウグイス**、**ホオジロ**、**モズ**などが、田んぼの周りではサギやセキレイ類が多い。**チョウゲンボウ**は田んぼ横の電柱を拠点に狩りを繰り返し、休憩も電線の上だ。コース途中にはスギ林もあり**カケス**や**オオタカ**、**ノスリ**、**キクイタダキ**、**メジロ**などが見られる。対岸の小さな森は、猛禽類の拠点のようで**オオタカ**や**ノスリ**、**ハイタカ**などがよく止まっているので外せないポイントだ。

林の中にはエノキが多くあり、冬は**シメ**が群れで見られる。時々、**イカル**もやって来る。エノキの実は冬鳥たちの大切な食料だ。エノキの葉は種々の幼虫を育て、夏にはクヌギが樹液を出す。それらは成虫となったオオムラサキや甲虫、スズメバチの食卓となり、彼らの食事風景を観察することもできる。エゴノキの実には**ヤマガラ**が次々とやって来て短期間に実を食べ尽くしてしまう。これでは子孫を残せないと思われがちだが、親木は共倒れを防ぐため離れた所に実を運んでもらう狙いだ。鳥たちも自然の仕組みを担う存在だ。

新上殿橋に着いたら来た道を引き返す。

【ホオジロ】

【ヒレンジャク】

【ダイサギ】

【チョウゲンボウの語源】

チョウゲンボウはハト大のハヤブサで、冬季には開けた田畑によく現れる。飛翔スピードが速く、尾羽が長く見える。一方で、羽ばたきながら空中に留まる停止飛翔もよくやる。

『日本鳥名由来辞典』によると江戸時代前期には、ちょうげんぼう（長元坊）の名で知られていたが、その語源は不明である。国語学者の吉田金彦は、茨城県の那珂・久慈・多賀３郡にトンボのヤンマを「ゲンザンボー」とする方言があり、チョウゲンボウは尾が長く、飛ぶ姿や停止飛翔することがヤンマと似ているので、「鳥ゲンザンボー（ヤンマのような鳥）」が由来ではないかと提唱している。

昔話では、数年続く凶作で飢餓に苦しむ村に「長元坊」という旅の僧がやってきた。僧は、村人たちの苦しみを目にすると、村を見下ろす岩山の岩棚に座して祈り始めた。僧は、日に日に痩せ、骨と皮ばかりになっても祈り続けたがとうとう亡くなってしまった。しかし、翌年は大豊作に恵まれ、やがて秋になると作物の出来を確かめるように、畑の上に停止飛翔している鷹がいた。村人たちは、その鷹をいつしか「長元坊」と呼ぶようになった。

チョウゲンボウ

【聞きなしの色々（その1）】

野鳥の中には、姿形がそっくりで野外識別が困難な種もいるが、それぞれの鳴き声は異なるので、鳴き声を聞き分ければ容易に識別できる。

ムシクイの仲間

次のムシクイ類３種は、姿形が似ているが鳴き声が異なる。夏鳥として栃木県内に渡来し、山地から亜高山に生息するが、渡りの時期には平野でも観察されることがある。

エゾムシクイ　日月（ひーつーきー）、日月（ひーつーきー）。

センダイムシクイ　焼酎一杯ぐいー。

メボソムシクイ　銭取り、銭取り、銭取り。

カッコウの仲間

カッコウ類は、夏鳥として栃木県内に渡来する。この４種は、鳴き声が鳥名の由来になっている。

カッコウ　郭公。

ジュウイチ　十一、十一。慈悲心（じひしん）、慈悲心（じひしん）。

ツツドリ　筒（つつ）、筒筒（つつつつ）。

ホトトギス　天辺（てっぺん）翔（か）けたか。

カラの仲間

シジュウカラとヒガラは同じような生息環境にいるので、一緒に観察することがある。

シジュウカラ　貯金（ちょきん）、貯金（ちょきん）。

ヒガラ　提灯（ちょうちん）、提灯（ちょうちん）。

センダイムシクイ

前日光【井戸湿原】

井戸湿原は、横根山の山腹にあり、周囲一帯は前日光県立自然公園に属している。標高は1,300mで、周辺から流れた沢水が形成する約3haの湿地帯である。カラマツやシラカンバ林に囲まれた小さな湿原で、尾瀬や戦場ガ原を小さくしたような所である。湿原全体はひょうたん形をしており、上方は乾燥しているが、下方はミズゴケを含む高層湿原も一部ある。主に森林性鳥類と草原性鳥類など高原でよく見られる鳥が多い。5月から6月上旬にかけてヤシオツツジやトウゴクミツバツツジ、レンゲツツジなどが彩を添える。特に、10月の紅葉は美しい。

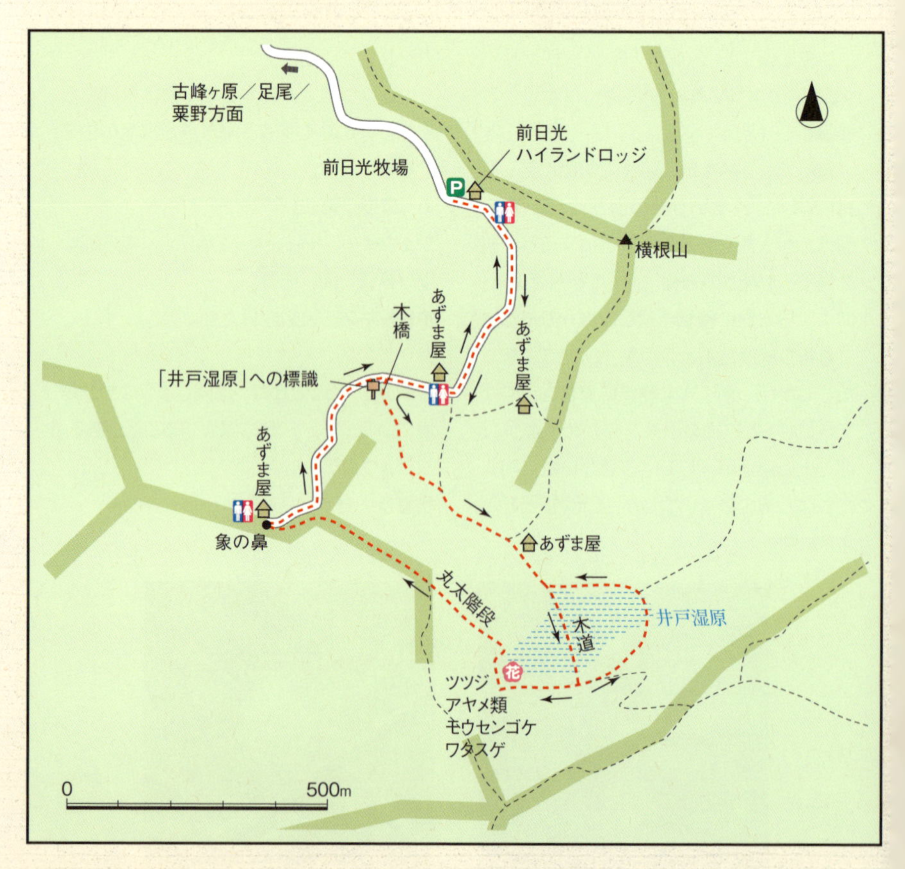

探鳥季節目安 5月～7月

湿原内の木道

前日光ハイランドロッジの駐車場が利用できるのは4月下旬から11月下旬までである。冬季は、県道から入るゲートが閉鎖されている。駐車場の両側にある牧場は酪農家で飼育する乳牛を放牧するための育成牧場である。駐車場には売店もあり、食事もできる。

牧場内の砂利道を「象の鼻」と呼ばれる展望台へ向かう。初夏ならば**ビンズイ**や**モズ**、**カッコウ**、上空には**トビ**や**ノスリ**などが見られるかもしれない。牧場の西側の森からは**アカハラ**や**オオルリ**、**キビタキ**、**コルリ**、**ジュウイチ**のさえずりが聞こえるかもしれないので注意深く聞き分けてみよう。

牧場内の道を進むと「井戸湿原」への標識があるので木の橋を渡り湿原に向かう。ここからは5月から6月ごろまでツツジ類の花が楽しめる。新緑と共

付近の住所　【栃木県鹿沼市上粕尾 1936　前日光ハイランドロッジ】

●自家用車
東北自動車道・鹿沼ICから鹿沼方面へ向かう。国道121号に入りさつき町交差点を左折する。県道241号を経由して県道14号（古峰ヶ原街道）を古峯神社方面へ向かう。古峯神社を過ぎると県道58号に入り、標高が高くなると井戸湿原入口ゲートが見えてくる。入口ゲートを入ると道が狭くなるので対向車と譲り合いながら進む。しばらく進むと前日光ハイランドロッジの駐車場に着く。鹿沼ICから約80分。
駐車場（無料）　80台

◆問合せ先
前日光ハイランドロッジ
☎0288-93-4141
（4月中旬～11月30日まで）

にトウゴクミツバツツジ、ヤマツツジ、シロヤシオと次々に咲いてくれる。野鳥は**シジュウカラ**や**コガラ**、**ヒガラ**、夏鳥の**キビタキ**などが見られる。道が下りになり、雨の後などは石の上や土がぬかるんで滑りやすいので十分注意して歩こう。沢沿いでは**ミソサザイ**のさえずりが聞こえてくるので探してみよう。

少し進むとシカ侵入防止対策のネットがある。湿原内の植物がシカの食害により激減したので植物を保護するためのネットである。入口の扉を開けて中に入る。入ったらネットの入り口を閉めるのを忘れないように。

すぐに、あずま屋があるので休憩ができる。ツツジ群落の道を下って行くと湿原が見えてくる。湿原を横断するように木道があるので、足元を注意しながら**アオジ**や**モズ**、**ホオジロ**がさえずっていないか探してみよう。湿原を横断したら、左手へ向かい湿原を周回する。

周回コースでは**キクイタダキ**、**ヒガラ**、**コガラ**、**キビタキ**、**オオルリ**などが見られるだろう。この周回コースの木道は単線なのでお互いに譲り合って利用しよう。また、木道は雨の降った後、たいへん滑りやすいので十分注意してほしい。湿原を半周すると元の道に戻るので、また、湿原を横断する木道を進む。

湿原を横断したら、今度は右手に向かう。若い林が続き、象の鼻展望台に向けて丸太階段の上りとなる。上りなのでゆっくり歩きながら**シジュウカラ**や**キビタキ**、**アカゲラ**、**コゲラ**などを探してみよう。またキツツキや**アオバト**のさえずりも聞こえるかもしれない。

象の鼻展望台に着いたらベンチがあるので休憩できる。上空に**トビ**や**ノスリ**、**アマツバメ**などが飛んでいるかもしれない。

帰りは、砂利道を下って行くと駐車場に戻ることができる。ゆっくり野鳥を探しながら足元に注意して戻ろう。

【オオルリ】

【コガラ】

【ノスリ】

【前日光県立自然公園】

井戸湿原を含む古峰ヶ原高原は、付近一帯が前日光高原と総称され1955年3月に県立自然公園に指定された。標高は1,500m前後の山岳地帯となだらかな1,200m前後の高原地帯から成り立っている。標高は低いが、急峻な地形からなる自然豊かな公園であり、展望の良い登山コースやハイキングコースが整備されている。

麓にある古峯神社は日本武尊（ヤマトタケルノミコト）の家臣藤原隼人が京都からこの地に移り、神霊を祭ったのが始まりと伝えられている。ご祭神は日本武尊である。後に、日光山を開いた勝道上人が、この地で日光開山の偉業を成し遂げたといわれている。この縁起にあやかり、日光全山の僧たちが古峯神社を中心とした山に登った。古峰ヶ原高原にある通称古峯神社奥の院と呼ばれる深山巴の宿は、勝道上人の日光開山に先立つ修行の地と伝えられ、ここで祈願する修行の習慣が明治維新まで続いたという。

また、この古峰ヶ高原は、多くのツツジ類に囲まれた高原であり、花が咲く春から紅葉の秋まで多くのハイカーが楽しんでいる。

【聞きなしの色々（その2）】

聞きなしとは、野鳥の鳴き声を人が理解することができる言葉に置き換えたもので、複雑なさえずりなどを覚えるのに使う。録音技術が無かった昔は、野鳥の鳴き声を覚えるのにさぞ苦労したに違いない。現在も新しい聞きなしが考えられている。

イカル　赤衣着い、蓑笠着い（軽井沢）。お菊、二十四（京都）。

ウグイス　法、法華経。法を聞け（京都）。

オオヨシキリ　草履、草履、草履片足なんだんだい、斬らば斬れ、斬れ斬れ（青森）。

キジバト　テデコーケー、アッパーツーター（お父よ粉を食え、お母が搗いた）（青森）。

サンコウチョウ　月日星ほいほいほい。

ツバメ　土喰うて虫喰うて渋ーい。

トラツグミ　寂ーしーい、寂ーしーい（佐久）。

ヒバリ　日一分、日一分、利取る、利取る、月二朱、月二朱、返せ、返せ、返せ。

ホオアカ　へっぴり老爺お茶あがれ（秋田）。

ホオジロ　一筆啓上仕り候（関東）。源平ツツジ白ツツジ（九州）。

メジロ　長兵衛、忠兵衛、長忠兵衛。

ルリビタキ　一寸見に来てくれ、一寸見に来てくれ。

フクロウの仲間

フクロウの仲間は夜行性のため、姿を見せることは滅多にないが、繁殖期にはよく鳴く。

コノハズク　仏法僧。夫一、夫と一。

フクロウ　五郎助奉公、ボロ着て奉公。

古峯神社

栃木

【永野川緑地公園】

永野川緑地公園は、県立栃木工業高校北側の永野川沿いにある。桜が多く植栽されているので、桜の時期には太平山とともに素晴らしい景観になる。また、広い芝生広場や大型の複合遊具があるわんぱく広場、水遊びができるレクリエーション堰などがある。河川敷は芝生になっているが、ヨシ原など適度に草丈の高い場所も残されている。川の水深は浅く、砂礫地が広がっている。周辺には錦着山や太平山の里山が広がっているので、水辺と山野両方の鳥を見ることができ、家族連れでゆっくりバードウォッチングを楽しめる初心者向きの探鳥地である。

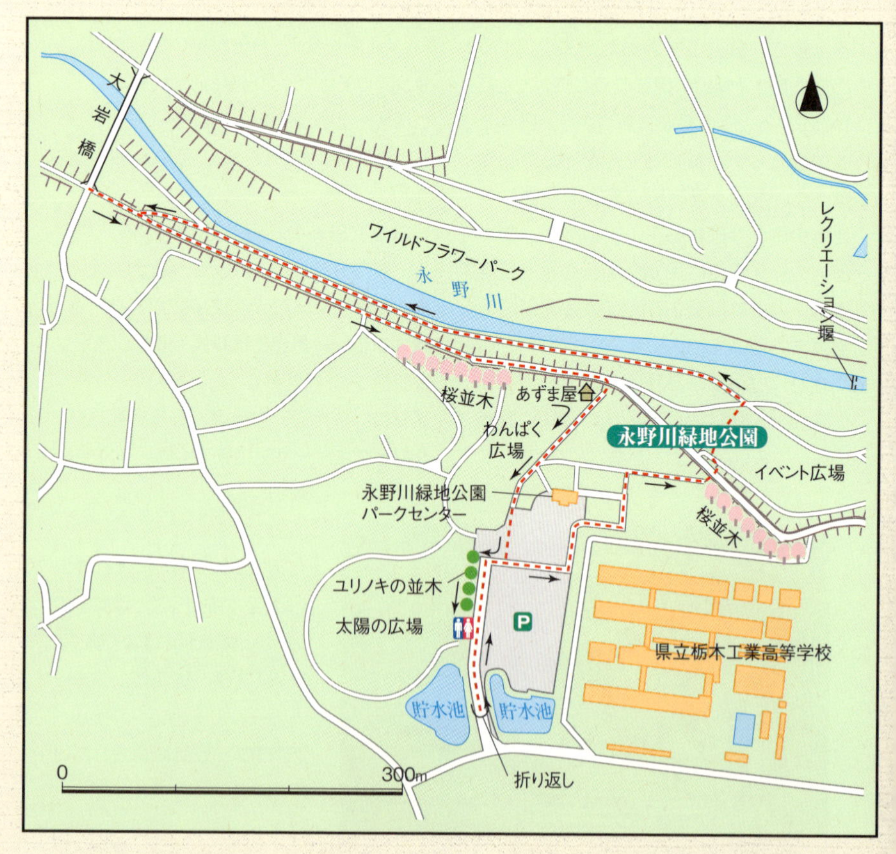

探鳥季節目安 11月～5月

永野川の河川敷

西駐車場脇に公衆トイレ(身障者用もあり)がある。コースに出ると、途中にトイレはないので用を済ませてから出発したい。

まず、駐車場入口に2カ所ある貯水池から見てみよう。カモ類やサギ、**カワセミ**などが観察できる。河川敷が近いこともあり、時々、**イソシギ**も見られることがある。貯水池からパークセンターへ向かう歩道にはユリノキがあり、その実を食べに**シメ**や**カワラヒワ**などが訪れる。パークセンターを過ぎると芝生があり、開けた場所を好む野鳥はもちろん、冬季は**ツグミ**や**シロハラ**などが観察できる。芝生を抜けると散策路があり、植え込みや桜並木がある。植え込みでは**ウグイス**や**アオジ**などヤブを好む鳥が、桜並木では山野の鳥が

付近の住所　【栃木県栃木市岩出町 117】

●**自家用車**
東北自動車道・栃木ICから県道32号を栃木市街地へ右折し、箱森町交差点で県道309号を藤岡方面へ右折する。薗部町歩道橋下の交差点を右折し、道なりに錦着山公園の脇を通り、永野川を渡ると突き当りに出る。突き当りを右折し道なりに緩やかにカーブしていくと栃木工業高校角のY字路にでる。「永野川緑地公園」の案内板が立っているが見落としやすいので注意する。県立栃木工業高校のフェンス沿いに進むと永野川緑地公園の西駐車場に出る。駐車場(無料) 163台
バス専用 2台

◆**問合せ先**
栃木市河川緑地課緑地公園担当
☎0282-21-2413・2414

●**公共交通機関**
東武日光線・新栃木駅からタクシー約20分

イベント広場

見られる。特に、桜が満開の時には、顔を花粉で黄色く染めた**ヒヨドリ**や上手に蜜をなめる**メジロ**、花をかじり落とす**スズメ**などの行動が見られる。イベント広場からさらに進むと永野川の堤防へ出る。芝生の堤防を下ると水際まで行くことができる。

水辺の草むらでは**ホオジロ**の仲間、淀みではカモの仲間や**カワセミ**、**ダイサギ**などが見られる。また、砂礫地では**イソシギ**や**イカルチドリ**などが見られる。ここでは、ぜひゆっくりとしたペースで観察することをおすすめしたい。水際で小鳥たちが水を飲んだり、水浴びしたり、餌を捕らえる様子も観察できるだろう。春は**キジ**の縄張りの見回り、**イカルチドリ**や**カルガモ**の親子連れなど愛らしい様子が見られる。冬季は、越冬のために訪れた**ベニマシコ**や**シメ**が見られるだろう。堤防沿いにエノキやオニグルミが点在しているため、カラ類の混群もやって来る。**スズメ**たちも群れで動き回っているので、そんな様子を見てみるのも楽しい。忘れてならないのは上空で、**トビ**や**オオタカ**、渡りの時期なら**サシバ**などタカの仲間が翼を広げて帆翔しているところを観察できるかもしれない。

大岩橋まで来たら折り返し、今度は堤防の上から野鳥たちを観察しよう。畑や民家が点在しているので**スズメ**や**ヒヨドリ**、**ムクドリ**など身近な野鳥が観察できる。越冬のために訪れた**ジョウビタキ**も見ることができるだろう。ただし、民家には双眼鏡を向けないよう注意すること。また、堤防の上は生活

【　キジ　】

【　イカルチドリ　】

【　カルガモ　】

河川敷内の遊歩道

道路のために自転車が行き来する。通行を妨げないように配慮しよう。

所要時間はゆっくり来た道を戻った場合、駐車場まで2時間ほど。

この公園には大型の遊具が設置されており、時折イベントが開かれることもあるため多くの人々が利用している。また、多目的広場はドクターヘリの離着陸場になっているので、離着陸時には、一時的に利用が制限される。他の人々の活動の妨げにならないように、コースを変更するなど柔軟な対応をしよう。

【　カワセミ　】

【似て非なるもの シギとチドリの違い】

シギやチドリというと海辺の砂浜で波と戯れる鳥を想像するかもしれないが、実は、内陸の栃木県でも生息しているシギとチドリがいる。それが永野川でもみられるイソシギとイカルチドリである。この2種は留鳥で、主に河川の中流域に生息し、砂礫地で繁殖する。皿状の浅い窪みを足で掘り、枯草などを簡単に敷いて4個の卵を産む。ヒナはふ化するとすぐに歩き始め巣を離れる。しかし、姿や生態が似ていても同じ仲間ではない。

では、シギ類とチドリ類、どこが違っているのだろうか。シギは泥の中の餌を嘴で探して取るのに対し、チドリは目で餌を見つけ走り寄って取る。千鳥足の所以である。また、鳥は嘴が届かない頭を羽繕いする時に脚を使うが、シギは脚を翼の外側から頭へ持っていく「直接頭掻き」。チドリは脚を翼の内側をくぐらせて頭へ持っていく「間接頭掻き」である。シギはぬかるんだ場所を歩いても沈まないように長い4本の趾が広がっている。これに対して、チドリは後趾が退化して3本になっている。これは早く走るのに都合が良いためだ。

大平

【太平山大中寺】

太平山県立自然公園の中心部をなす太平山は、栃木市街の中心から西方約５km に位置し、山頂に近い謙信平からは関東平野が一望できる。澄みきった晴天の日には、遠く東京副都心の高層ビル群や富士山を見ることもできる。その太平山の南山麓にある大中寺周辺がバードウォッチングポイントになっている。首都圏歩道関東ふれあいの道「かかしの里・ブドウの道」としても整備されており、春や秋は多くのハイカーで賑わうが、冬場は静かな散策ができる。ここでは、主にホオジロやメジロなど里山の鳥類とノスリやオオタカなど猛禽類が見られる。

探鳥季節目安 12月～3月

大中寺本堂

大中寺駐車場から出発する。トイレは、駐車場とコース途中の歴史民俗資料館にある。

駐車場脇のあずま屋で鳥を探すと、冬は**ルリビタキ**が遊んでいるかもしれない。駐車場を出発して、沢沿いの散策路を進む。堰堤近くの広場でも**ルリビタキ**や**ジョウビタキ**などが多く見られる。本堂の前に行き、ちょっと前庭を見てみると、冬なら**ツグミ**や**シロハラ**、**マヒワ**などを見ることができるだろう。

歴史のある立派な本堂を後にして、初夏ならアジサイがいっぱい咲いている階段を下り、さらに緩やかな坂を下って行くと両側に小さな池がある。

付近の住所　【栃木県栃木市大平町西山田 252】

●自家用車
東北自動車道・佐野藤岡ICから国道50号を小山方面に向かう。大田和西交差点を左折し、さらに下津原交差点を直進して県道282号に入る。大平町西山田で「大中寺の森」の案内表示に従い左折し進むと駐車場に到着する。この駐車場は太平山のハイカーや自転車愛好家が多く利用しているので混んでいる場合がある。佐野藤岡ICから約20分。駐車場（無料）30台

●公共交通機関
JR両毛線・大平下駅下車、大中寺まで徒歩30分。

◆問合せ先
大平町観光協会事務局
☎0282-43-9213
栃木市大平町観光案内
☎0282-43-0388

大中寺近くの小さな池

ここでは、**カワセミ**や**カルガモ**、**マガモ**などのカモ類を見ることができる。

それから民家の前の細い道を進み、広がるぶどう畑などでは、冬は**モズ**や**ツグミ**、**ジョウビタキ**、**カシラダカ**、**アオジ**などが見られる。太平山の山並みを見上げると**トビ**や**ノスリ**などの猛禽類を見ることができる。最近は、パラグライダーの愛好家が増えたようで、上空を気持ちよさそうに飛んでいる。

さらに、民家の前の道を進むと「歴史民俗資料館・郷土資料館（白石家戸長屋敷）」に着く。トイレもあり、小休止するのにちょうどよい場所である。

大中寺に戻るとき利用する東山道

【 モズ 】

【 ルリビタキ 】

【 シジュウカラ 】

ただし、月曜日は休館なので注意。この付近は北関東最大の「大平ぶどう団地」で、70余りのぶどう園がある。ぶどう狩りの時期(8月中旬から9月下旬)は賑わっている。

東山道(江戸時代の中ごろまで盛んに通った大切な道)の落ち葉が敷き詰められている静かな道を歩いて行くと「フォレストアドベンチャーおおひら」の前に出る。2月ごろならかわいいセツブンソウがいっぱい咲いている。さらに細い道を進んで山麓に続く林では**エナガ**や**コゲラ**、**アカゲラ**、**シジュウカラ**、**ヒヨドリ**、**ウグイス**、**メジロ**、**ホオジロ**、**カワラヒワ**などが木々の間を飛び回っているのが見られるかもしれない。かわいい野鳥たちを見ながらしばらく歩くと舗装されている林道・西山田線と合流する。

ここからは、舗装された道を歩き、案内板に従って民家の脇道を進むと大中寺駐車場に戻ることができる。

【 シロハラ 】

【大中寺・七不思議が伝わる曹洞宗の寺】

太平山南麓の山懐につつまれた名刹・大中寺は、1489(延徳元)年に曹洞宗の寺として再興したという。戦国時代、越後の上杉謙信は関東管領職を受けて、北関東に進出すると大中寺の6世住職快叟(かいそう)が叔父であったことから、この寺を厚く保護し、1561(永禄4)年、当時、焼失していた伽藍の修復を行っている。1568(永禄11)年、謙信が北条氏康と和議を結んだのもこの寺である。

その後、火災にあって焼けているが、1575(天正3)年、七世天嶺呑補(てんれいどんぼ)のときに再建、九世柏堂の1591(天正19)年には、関東曹洞宗の僧録職を命ぜられ寺領100石を与えられた。徳川家の信任厚く曹洞宗の徒弟修業の道場として栄え、大正初期まで参集する雲水でにぎわったという。

山門は、皆川城の裏門(搦手門(からめてもん))を1616(元和2)年に移築したものといわれており、古建築物のひとつとして貴重なものである。

上田秋成の「雨月物語」にある青頭巾は、この寺を舞台として書かれたものであり、また、この寺に伝わる七不思議の伝説も有名である。【栃木市観光協会HP参考】

大中寺本堂

佐野【唐沢山城跡】

唐沢山県立自然公園の中心部分である唐沢山城跡は、国指定の史跡となり、多くの観光客で賑わっているが、冬場は静かな散策ができる。首都圏歩道関東ふれあいの道「松風のみち」としても整備されており、春や秋は多くのハイカーで賑わう。唐沢山は関東平野へ突き出した緑の半島のような丘陵地にある。標高242mながら麓からの標高差が約180mもあり、麓から山頂まで自然林に覆われた急峻な崖や断崖と深い谷に囲まれた自然の宝庫である。ここでは、主にキツツキ類やヒタキ類など里山や森林性の小鳥たちとノスリなどの猛禽類が見られる。

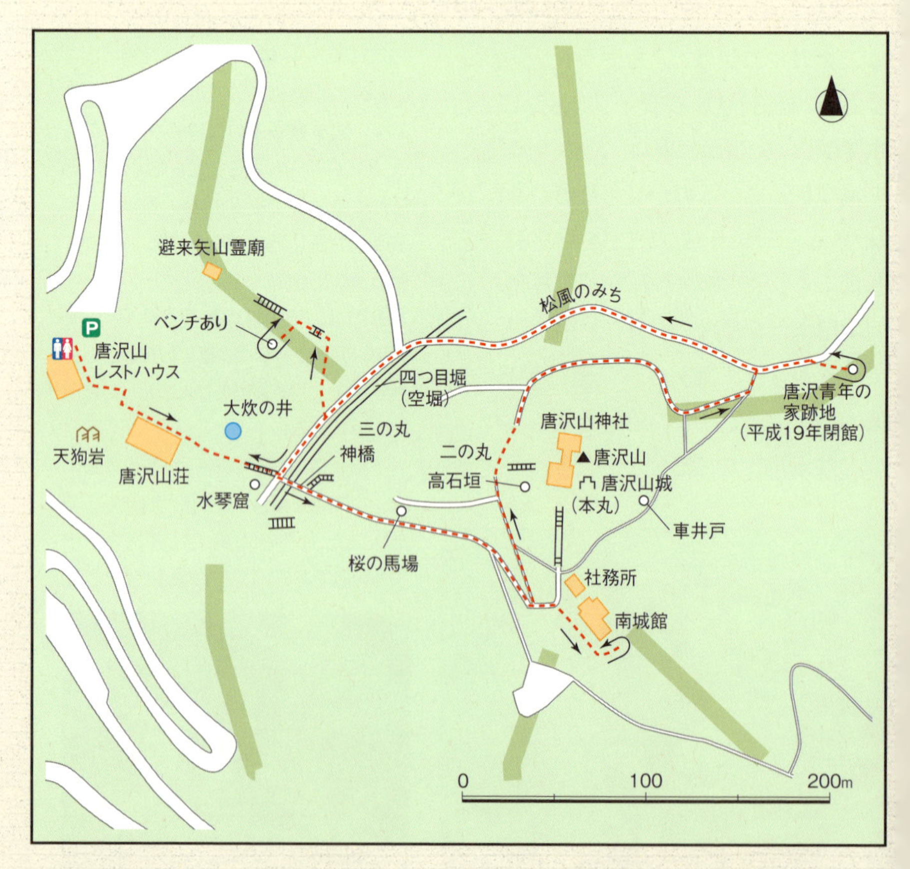

探鳥季節目安 12月～7月

唐沢山入口

唐沢山レストハウス前の駐車場から出発する。トイレは、駐車場脇にしかないので出発前に用を済ませておこう。

新しく建てられた「国指定史跡 唐沢山城跡」の碑の脇から入り、「唐沢山荘」の前から神社を目指して階段のほうへ進む。左側に小さな井戸(大炊の井)があり、ここでは、冬なら**ルリビタキ**が現れるかもしれない。周辺の樹木には**イカル**や**コイカル**、**ウソ**などが見られる。さらに進み「水琴窟」の案内に従い、少し右に行くときれいな音を楽しむことできる。小さな太鼓橋(神橋)をわたり、階段を上りながら右下のヤブの中を見ていくと、冬は**ルリビタキ**

付近の住所 【栃木県佐野市富士町 1409】

●自家用車
東北自動車道・佐野藤岡ICから国道50号を足利方面に進み、「佐野新都心」交差点を右折して「唐沢山」の案内表示に従い県道270号、県道141号を山頂まで進むと唐沢山レストハウス前の駐車場に着く。佐野藤岡ICから約25分。
北関東自動車道・佐野田沼ICから田沼・国道293号方面へ向かう。県道16号「田沼下町歩道橋」下の交差点を「唐沢山」の案内表示に従い右折し、一瓶塚稲荷神社に突き当たるまで直進する。突き当りを右折し、そのまま県道115号を山頂まで進むと唐沢山レストハウス前の駐車場に着く。佐野田沼ICから約15分。

◆問合せ先
唐沢山レストハウス
☎0283-23-1939

●公共交通機関
東武佐野線・田沼駅下車後、徒歩30分。

◆問合せ先
田沼駅　☎0283-62-0005

高石垣

やツグミ、シロハラなど、また、夏なら**キビタキ**や、**アカハラ**、**サンコウチョウ**、**ホトトギス**の元気な声も聞くことができる。階段を上りきると社務所があり、その右の「南城館」の奥は、休憩しながら眺望を楽しめる場所になっている。**トビ**や**ノスリ**などの猛禽類を見たり、また、天候に恵まれれば東京スカイツリーを見ることもできる。

眺望を楽しんだら神社の階段まで戻り、階段の左側の静かな道を歩くと大きな地震でも崩れることがなかった石垣（高石垣）を見ることができる。高さ3mを超える石垣は、関東では極めて貴重なものだそうだ。神社裏手の薄暗い道をゆっくり進もう。**トラツグミ**や**シロハラ**などが姿を現すことがある。

関東ふれあいのみちと合流して、さらに進むと「唐沢青年の家」跡地へ出る。この場所でのんびり上空を見ていると猛禽類が姿を現し、運がよければ**ハイタカ**な

南城跡からの眺望

【 イカル 】

【 ルリビタキ 】

【 アカハラ 】

水琴窟

ども見られるかもしれない。猛禽をゆっくり見たら、来た道を少し戻り、直進して神社の裏側の車道(関係者以外車両進入禁止になっている)を進む。途中から四つ目堀に沿って左折し、大炊の井の裏手辺りから避来矢山(ひらいし)へ登る。階段を上ると左側の小さな広場にベンチがあり、休憩することができる。今まで観察した鳥などの話をしながらのんびりするのも良い。

最後に「水琴窟」の前を通って、来た道を唐沢山レストハウス前の駐車場へ戻る。

【　キビタキ　】

【唐沢山神社】

唐沢山神社は藤原秀郷公の居城址で、標高240mながら全山アカマツにおおわれ断崖と深い谷に囲まれた自然の要塞をなし、今なお当時をしのぶ遺跡が数多くある。本丸跡は現在唐沢山神社の本殿および拝殿があり、藤原秀郷公が祀られている。二の丸跡は、奥御殿直番の詰所のあった場所で現在は神楽殿がある。三の丸跡は、賓客の応接間のあったところで現在は広場となっている。さくらの馬場は本殿に続く参道の途中にあり、当時の武士が馬を訓練した所で桜が多いのでこの名がある。南城跡は、南城のあった所で現在の建物は東明会の寄進による。

1894年(明治27)、大正天皇(皇太子の時)行啓の栄によくした。四つ目堀は、神橋の下の空堀で、当時はもっと深かったと思われる。なお神橋も当時は外敵に備えた曳橋であった。大炊井は築城の際、厳島大明神に祈願をし、その霊夢により掘ると水がこんこんと湧き出たとのことである。深さ9m、直径8mあり、今日まで水がかれたことはない。車井戸は、当時茶の湯に使用された井戸で、がんがん井戸ともいわれ、深さ25m余あり龍宮までつづくとも言われている。【唐沢山神社HP参考】

藤岡 【渡良瀬遊水地（谷中湖）】

渡良瀬遊水地は、面積約33㎢、周囲約30kmのヨシ原を中心とした低層湿原として位置づけられている。都心から1時間ちょっとにもかかわらず、人が住まなくなって100余年を経て全国でも稀にみる動植物の楽園となった。多くの絶滅危惧種が存在し、渡り鳥の重要な中継地、飛来地であることから2012年（平成24）ラムサール条約登録地に認証された。野鳥は、四季折々に草原性・湿原性の小鳥類や秋のツバメ類のねぐら入り、越冬するカモ類などが観察できる。特に、ワシ・タカ類は種、個体数も多く、バードウォッチャーを満足させている。

探鳥季節目安 10月～1月

中央エントランスから谷中湖を望む

下宮(中央エントランス)駐車場から出発し、谷中湖を中心にバードウォッチングするコースである。トイレは、駐車場のほか、中の島、史跡保全ゾーンなどにある。

駐車場の周りのヤナギの枝に春は**カッコウ**、秋は**ツツドリ**が止まっていたりする。冬なら**ツグミ**や**タゲリ**、**キジバト**、**モズ**、**ホオジロ**、**キジ**などが見られる。下宮橋を渡るとすぐ右手にトイレがある。ハート型の谷中湖は3つのブロックに分かれており、上半分が東と西に分けられ北ブロックと谷中ブロック、下半分は南ブロックと呼ばれる。左手の北ブロックは、夏はカヌーやボードセーリングで賑わっているが、冬には**カンムリカイツブリ**や**ハジロカイツブリ**が見られるようになり、護岸近くまで来ることもある。南ブロックは釣りが可能で、冬場はワカサギ釣りでにぎわう。水鳥は逆光気味でわかりにくい。中の島へ着くと左前方に谷中ブロック

付近の住所　【栃木県栃木市藤岡町下宮】

●自家用車
東北自動車道・館林ICを下りて、国道354号を古河方面へ向かい、小保呂交差点で渡良瀬遊水地方面へ左折する。県道367号を経て県道9号(佐野古河線)に突き当たったら右折する。県道9号に「中央エントランス」への案内標識がある。入口に鉄柱ゲートがあるが入場には差し支えない。館林ICから約20分。
駐車場(無料)200台

●公共交通機関
東武日光線・柳生駅より約1.1km。
徒歩約15分。

◆問合せ先
(財)アクリメーション振興財団
☎0282-62-1161

◆体験活動センターわたらせ
☎0282-62-5558
または☎080-8818-9381
(9:30〜16:00　月曜休)

野鳥観察台

があり、ここに野鳥の写真を掲示してある看板と野鳥観察台がある。

早速、観察台で窓越しに覗いてみよう。水鳥は種、数とも多い所だ。左右のヤナギ林や護岸の水際、浮島やその周辺を万遍なくゆっくりと見る。梢に**シジュウカラ**や**ヒヨドリ**、**ベニマシコ**、**ホオジロ**、**カワセミ**などが、**カワウ**や**ダイサギ**、**アオサギ**が浮島のブイの上に止まっている。谷中ブロックは**マガモ**や**カルガモ**が多いが、**コガモ**、**オナガガモ**をはじめ白っぽいのは**カンムリカイツブリ**や、**カワアイサ**、**ミコアイサ**雄、**ハシビロガモ**雄などである。時々、**トモエガモ**や**オシドリ**が入ることもある。浮島すれすれに飛ぶ**チュウヒ**や上空に**ノスリ**、**ミサゴ**、**トビ**、**カワウ**が飛んでいたりする。一通り見たら、東にまっすぐ進み、東橋付近まで歩こう。**ヒドリガモ**や**ヨシガモ**、**キンクロハジロ**、**ホシハジロ**などは右手の南ブロックで休んでいることが多い。突き当りまで歩くと右に塔が、左に地図案内と簡易トイレがある。塔の換気扇フードや鉄階段上に**ハヤブサ**がいないか探してみる。遊水地では留鳥に近い。ここを左折すると右手はヨシ原と、

湖岸の道路沿いに立つ案内板

【ミコアイサ】

【ベニマシコ】

【ミサゴ】

その中にポツポツと疎林が見える。周囲には**シジュウカラ**や**アオジ**、**カシラダカ**、**ホオジロ**、**オオジュリン**の小鳥たち。初夏なら**オオヨシキリ**の大合唱だ。晴れていれば奥に男体山をはじめ栃木の山々が見える。やがて右手に谷中村跡の延命院が見えてくる。その左は雷電神社跡地である。ここは、歴史経過の中では重要な場所である。また、ヨシ焼き後のノウルシ、秋の彼岸花が群生し写真撮影のスポットにもなっている。少し歩くと、北ブロックと谷中ブロックの境界通路に出る。右手は芝生の憩いの場となっており、案内所や自転車の貸出場、自動販売機、トイレがある。ここを左折し、北橋でもう一度谷中ブロックを見てから中の島まで歩く。右に曲がれば出発した下宮駐車場も近い。

【渡良瀬遊水地という地名】

渡良瀬遊水地という地名は、ある時期まで存在せず、どこにでもある村・字での地名であった。ある時期とは、渡良瀬川上流・足尾銅山での銅採掘から生じた鉱毒による日本最初の公害事件（足尾鉱毒事件）の解決策として、旧谷中村はじめ隣村の土地の買収により、鉱毒沈静地として、また度重なる洪水での治水対策として、1910年(明治43)から始まった、当時の内務省遊水池化事業に起因する作られた地名である。以後、100年を超える月日の経過とともに、人々の生活がなくなった地域に、ヨシ原を中心とした原風景が再生され、生きものたちの楽園となり生物の多様性に富んだ低層湿原帯となった。野鳥は、約260種確認されており、特に、冬場のワシタカ類、晩夏から初秋のツバメの集結地として有名。また植物約1,000種、昆虫約1,700種が確認されている。絶滅危惧種も多く、わが国にとって非常に重要な湿地となっている。2012年（平成24）7月3日、この地帯の自然環境の重要性が認められ、ラムサール条約登録地として世界にその名を知らしめることとなった。

【　オオジュリン　】

【　ヒドリガモ　】

【　ハヤブサ　】

藤岡

渡良瀬遊水地（谷中村史跡保全ゾーン・鷹見台）

日本最大の遊水池である渡良瀬遊水地は、関東平野のほぼ中央部、足尾山地を源流とする渡良瀬川の最下流、利根川との合流点まで数kmという位置にある。釧路湿原に次ぐともいわれる本州以南最大のヨシ原（約1,500ha）を擁し、多種多様な生物が記録されている。洪水調節のために築かれた囲繞堤（いじょうてい）によって、第1・第2・第3の調節池に分けられ、中央部を北から南へ渡良瀬川が流れている。南部にある谷中湖（渡良瀬貯水池）に隣接して、明治時代にこの地が遊水池化された際、廃村となった谷中村の中心部跡が残されている。

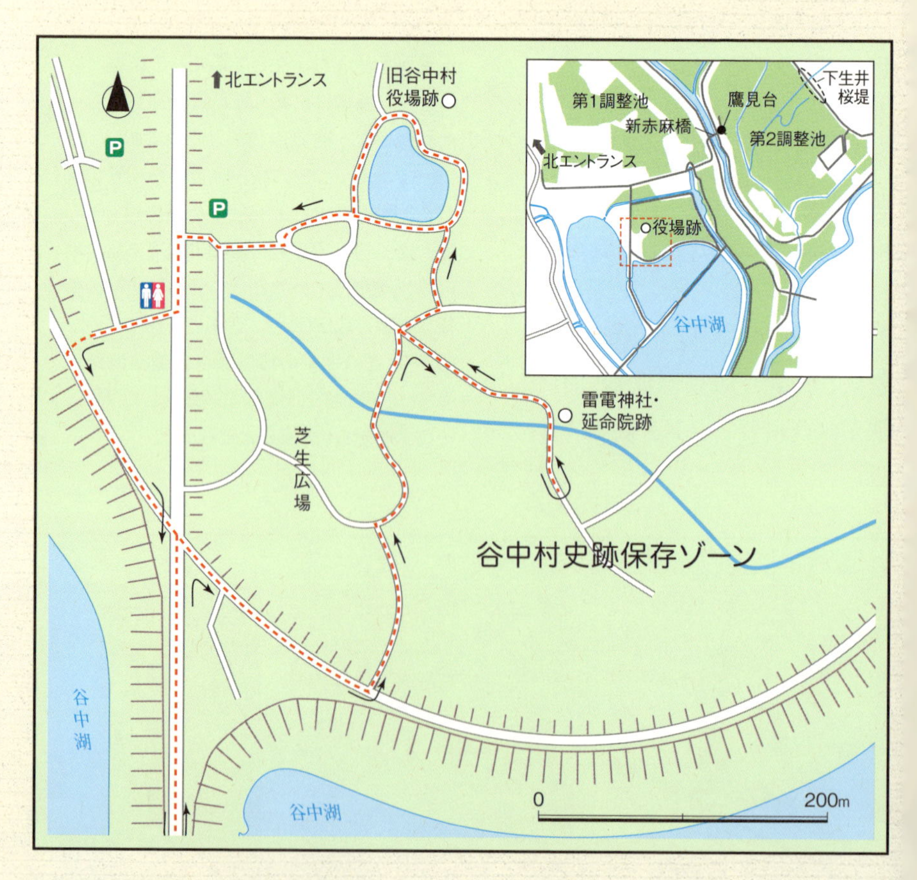

探鳥季節目安　10月～5月

遊水地のヨシ原

総面積33㎢の渡良瀬遊水地は小規模の市や町より広いので、どこへ行けば良いのかわからないという声をよく聞く。また、ヨシ原や水辺だけでなく樹林や草地、一部農耕地もあり、それぞれの環境に生息する野鳥もさまざまである。

ここでは、渡良瀬遊水地の西側堤防に隣接した栃木市藤岡町の「遊水池会館」からのコースを紹介する。

遊水池会館から「谷中村史跡保全ゾーン」へ移動する場合は、レンタサイクルの利用がおすすめ。途中、遊水地の広大な風景が眺められ、タカ類の飛翔も観察できるし、ヨシやヤナギに点々と止まる鳥の姿も目につく。

史跡保全ゾーンは、ハート型をしている谷中湖の凹型の部分にある。広い駐車場が2カ所あり、それぞれ数十台駐車できる。また、トイレや飲み物の

付近の住所　【栃木県栃木市藤岡町藤岡内野　谷中村史跡保全ゾーン】

●自家用車
東北自動車道・佐野藤岡ICから国道50号を佐野足利方面へ向かい、高萩交差点で左折する。県道9号(佐野古河線)を南進し、藤岡大橋北交差点を右折する。県道11号(栃木藤岡線)を南進し、藤岡大橋から約5分で左側に北エントランスの案内標識がある。北エントランスから横断道路を東進すると谷中村史跡保全ゾーンの案内標識がある。佐野藤岡ICから約20分。

●公共交通機関
東武日光線・藤岡駅から遊水池会館までは約1.2km。徒歩約15分。遊水池会館から「史跡保全ゾーン」まで自転車で約1時間(約5km)。遊水池会館内の湿地資料館に「栃木市藤岡遊水池会館レンタサイクルセンター」がある。

◆問合せ先
(財)アクリメーション振興財団
☎0282-62-1161
湿地資料館　☎0282-62-5558

旧谷中村跡

自販機、レンタサイクルセンターなどもある。

ここから歩き出すことになるが、東西南北どちらへも行ける。西側および南側へ進むと、すぐに谷中湖の湖畔に出る。秋から春先の干し上げ前までなら、湖面に浮かぶカモ類や他の水鳥が観察できる。**カルガモ**や**マガモ**といったポピュラーな種から、ハジロ類や**カワアイサ**、**ミコアイサ**、**カンムリカイツブリ**や**セグロカモメ**なども飛来している。さらに、湖岸の道路を南へ進めば、谷中湖を縦断し、中の島を経由して東武日光線柳生駅方面へ向かうコースになる。

史跡保全ゾーン駐車場の南東側は芝生の広場で、その先には谷中村の遺跡が点在する。歩道脇にある案内板に沿って進めば、谷中村役場跡があり、やや離れて延命院や雷電神社跡など旧村民の心の拠り所となった場所がある。ここで観察できる鳥は**モズ**や**ホオジロ**、**カワラヒワ**、**キジバト**などポピュラーな鳥が主だが、秋後半からは**シメ**や**ベニマシコ**、**カシラダカ**、**オオジュリン**、**ツグミ**などの冬鳥が観察できる。

役場跡や雷電神社跡は土盛りされ台地になっているが、その上に立って北側を望むと、ヨシ原の中に竹や樹木が生えている小高い所が点々と見える。かつて人家があった跡だ。往時を偲んでヨシ原を眺めていると、タカ類が複数飛んでいるのに気づく。**トビ**以外に、冬なら**ノスリ**や**チュウヒ**、時に**ハイイロチュウヒ**や**ミサゴ**、それに**オオタカ**などだ。初夏なら**オオヨシキリ**があちこちで目に

【オオヨシキリ】

【ミサゴ】

【チュウヒ】

つくし、**カッコウ**の飛翔も見える。

史跡保全ゾーンから車で遊水地中央部を東西に走る横断道路を東進し、渡良瀬川にかかる新赤麻橋を渡ると、10分ほどで車が十数台駐車できる通称「鷹見台」に出る。東側の第2調節池を見渡せる眺望の良い所で、名前の通りタカ類の観察に適したスポットだ。

また、第2調節池の対岸となる東側堤防上は「下生井桜堤」である。小山市生井地区の集落や旧思川と接していて、トイレがあり、車も止められるスペースがある。午前中の早い時間帯ならここから順光でヨシ原を一望でき、**チュウヒ**をはじめタカ類が探しやすい。堤防に隣接して広い水辺が造成されたので、今後、水辺の鳥の観察スポットとなるだろう。

「下生井桜堤(小山市白鳥75)」へ向かうには、国道4号の野木町「友沼」交差点から県道174号を経て下生井地区に至る。与良川第二排水機場の隣り。

【　アオジ　】

【赤麻沼】

明治時代の地形図を見ると、まだ「渡良瀬遊水地」は存在せず、現在の遊水地がある一帯は大小の沼を含む広大な湿地帯であり、その南側に堤防で囲まれた農地や集落が記されている。中でも目を惹くのが「赤麻沼」だ。他にも石川沼や赤渋沼などいくつも沼がある。こうした沼は各種の魚をはじめ生物が豊富だったようで、この一帯では農業より漁業の方が収入は多かったという話も聞く。

この地が遊水池化される際に、それまで藤岡の町の西側を流れていた渡良瀬川を、赤麻沼に直接つなぐ付け替え工事が行われた。上流から来る鉱毒物質を含む土砂はここに堆積し、結果として赤麻沼は1945年(昭和20)ごろにほぼ消滅してしまった。

今、赤麻沼が存在したらどうだったろう。どんな鳥が見られるだろう。古い記録はごく乏しいようだが、古河市には「鴻巣」という地名がある。江戸時代以前なら実際にコウノトリやトキがいて、赤麻沼などに群れていたのではないだろうか。

現在、東部の第2調節池で行われている「湿地保全・再生事業」は、いわば壮大な実験でもある。これが成功すれば、赤麻沼などの湖沼群が存在した当時を彷彿とさせる風景が出現するだろう。

延命院跡のヒガンバナ

バードウォッチングのお供

双眼鏡・フィールド図鑑・フィールドノート

バードウォッチングには双眼鏡とフィールド図鑑、そしてフィールドノートを準備しましょう。双眼鏡があると小鳥たちを驚かせることなく自然な姿を観察することができます。きっと、かわいらしい小鳥の姿やしぐさに感動せずにはいられないでしょう。知らない鳥を見つけても大丈夫。フィールド図鑑さえ持っていけば、その場で調べることができます。もし調べることができなくてもフィールドノートに小鳥の特徴をスケッチしておけば、後で専門家に聞くこともできます。

それでは、まずバードウォッチングのお供を探しに行きましょう。

双眼鏡

❶ 双眼鏡の性能表記

双眼鏡の本体には10×42　6°のような数字が表記されています。これは、この双眼鏡がどのくらい見えるかという性能の表記で（倍率×対物レンズ有効径　実視界）を表わしています。

倍率

倍率は対象物を双眼鏡で見たとき、肉眼と比べて「どれくらい大きく見えるか」の割合です。高倍率の双眼鏡ほど対象物は大きく見えますが、逆に、視野は狭くなるので手振れの影響が大きくなります。双眼鏡はもっぱら両手で持って使いますから呼吸などによる体の揺れが手に伝わり、対象物が上下左右に揺れて見にくくなります。

バードウォッチングに適している倍率は7～12倍ですが、

7～8倍：女性や子供など体格の小さい方に向いています。

8～12倍：男性や体格の大きい方なら使えます。

対物レンズ有効径

対物レンズの口径の事を言います。同じ倍率のとき、対物レンズの口径が大きいほど集光力があり、解像力と明るさが向上します。一方で、対物レンズが大きくなる分、双眼鏡が大きく重くなります。

バードウォッチングに適している対物レンズの口径は、

20mmクラス：軽さ・持ち歩きやすさを重視する方（女性・子供向き）

30mmクラス：携帯性と明るさ、ど

ちらもすてがたい方（初心者向き）
40mmクラス：とにかく明るさ・見やすさを重視する方（ベテラン向き）

実視界

双眼鏡を動かさずに見ることのできる範囲を、対物レンズの中心から測った角度です。実視界が大きいほど見える視野は広く（広角に）なります。たとえば動きの速い野鳥を視野に入れておくためには、実視界が広いほど有利です。

❷ 双眼鏡のプリズム形式

双眼鏡にはプリズムの形式によりポロプリズム方式とダハプリズム方式の2つがあります。それぞれ一長一短があるので使用経験者の話を参考に選ぶと良いでしょう。

ポロプリズム：対物側と接眼側の光路が乙状に折れ曲がるためのスペースが必要となり、ダハプリズムに比べると双眼鏡が大きくなります。しかし、対物レンズの間隔を接眼レンズの間隔より広げることができるのでより強い立体感が得られます。

ダハプリズム：対物側と接眼側の光路が直線的になることで小型・軽量化がしやすくなります。一方、ダハプリズムの加工と精度が高度で精密な製造技術を必要とします。

❸ ピント合わせ方式

双眼鏡のピント合わせ方式にはCF方式（Center Focusing）とIF方式（Individual Focusing）がありますが、バードウォッチングには、ピント合わせが左右同時にすばやく行えるCF方式が適しています。

ポロプリズム双眼鏡

ダハプリズム双眼鏡

〈注意〉双眼鏡で太陽を見ることは虫めがねで瞳を焼く行為である。
絶対にしないように。子どもには特に注意が必要である。

双眼鏡の使い方

1. 準備

❶ ストラップの長さは、双眼鏡が胸の少し上あたりにくるように調整する。

❷ 接眼目当ての高さを合わせ、視野全体がケラレの無い位置に調整する。接眼目当ては、裸眼の方は長い状態で使用し、メガネをかけている方は短い状態で使用する。

2. 接眼レンズの目幅調整

左右の瞳の間隔には個人差があるため、自分の瞳の間隔に合わせて接眼レンズの幅を調整する。

両手で本体を持ち、両目で接眼レンズを覗きながら、左右の視野がひとつの円になるよう、左右の結合部をゆっくり折るように動かす。

3. 視度調整

ピント合わせがCF方式の場合、左右の視度が同じなら接眼部の視度目盛を0に合わせ、中央部のピント合わせリングを回してピントをあわせれば、両目でハッキリと像を見ることができる。左右の視度が違う方は以下の方法で視度調整をおこなう。

視度調整リングの位置はメーカーや機種によって異なるので、取扱説明書をよく読むこと。

〈視度調整リングが右接眼部の例〉

❶ 看板の文字など一点の目標を決める。

❷ 左の目だけで左の接眼レンズをのぞき、中央部のピントリングを回して目標にピントを合わせる。

❸ 次に、右の目だけで右の接眼レンズをのぞき、右接眼部の視度調整リングを回して目標にピントを合わせる。

❹ 左右の視度の違いが調整され、両眼のピントのずれが解消する。あとは中央のピントリングを回すだけで両眼同時にピント合わせができる。

❺ 使用中に視度調整リングが動いてずれてしまうことがあるので、視度調整リングの目盛の値を覚えておくと再調整が簡単に済む。

4. 野鳥を双眼鏡にいれる

双眼鏡を手にして初めて野外に出ると、鳥の姿がなかなか視野にとらえられずに困ることがある。まずは、脇を締めて両手でしっかりと双眼鏡を持つ。肉眼で目標物を見つけ、視線を固定したまま（ここがポイント！）そっと双眼鏡を目にあてて覗いてみる。15分も練習をすれば上手に使いこなせるようになるだろう。肉眼で見ることは、大きさを把握するのに重要である。まずは肉眼できちんと観察してみよう。

フィールド図鑑

野外で実物を見ながら使うコンパクトな図鑑をフィールド図鑑と言います。図がイラストで描かれているものをイラスト図鑑、写真が使われているものを写真図鑑と呼びます。それぞれ一長一短がありますので野外で使うときはイラスト図鑑、お家で詳しく調べる時は写真図鑑と使い分けると良いでしょう。また、カモやシギ、チドリなど長距離の渡りをする鳥が迷って日本にやって来ることもあるので欧州や極東アジアの野鳥が載っている図鑑なども揃えておくと参考になります。まず、初心者の方には野鳥識別のポイントとなるフィールドマークを示す矢印が入っている、日本野鳥の会発行のイラスト図鑑を入門の1冊としてお薦めします。

❶ イラスト図鑑の特徴

- 類縁の仲間と比較できる。
- 背景が描かれていない。
- 携帯が容易なサイズと重さ。

❷ 写真図鑑の特徴

- 細部の色、模様、形がわかる。
- 生息環境も写しこまれている。
- 掲載種が多いとサイズが大きく重い。

イラスト図鑑

国内写真図鑑

外国図鑑

フィールドノート

バードウォッチングの日付、場所、天候、観察した野鳥の種名、スケッチなどを書き残しておく小型のノートです。市販の小型ノートで十分です。

フィールドノート

羽標本の作り方

野鳥の羽を拾ったら

野鳥の姿を探して野山を歩いている時、鳥の羽を見つけたことはありませんか?　草むらに一枚だけ引っかかっていたり、そこら辺りに何枚も散乱していたり。その一枚を拾ってじっくり見てください。その羽にはきれいな模様がありませんか。黒地に白い水玉模様ならアカゲラかヤマセミの羽かもしれません。赤や黄、緑や青といった色鮮やかな羽ならカワラヒワやキジの羽かもしれませんね。羽の見分け方を知っていれば、拾った羽がどんな鳥のものかわかってバードウォッチングも一層楽しくなります。

野鳥が持っている羽は、大別すると保温のための体羽、飛翔力を生み出す風切羽、舵の役目をする尾羽になります。さらに、風切羽は推進力を生み出す初列風切と揚力を生み出す次列、三列風切に分けられます。

体羽は、体のどこに生えているかで色や模様、大きさが異なり、大抵は風切羽や尾羽よりずっと小さくて柔らかいものです。それに比べ、風切

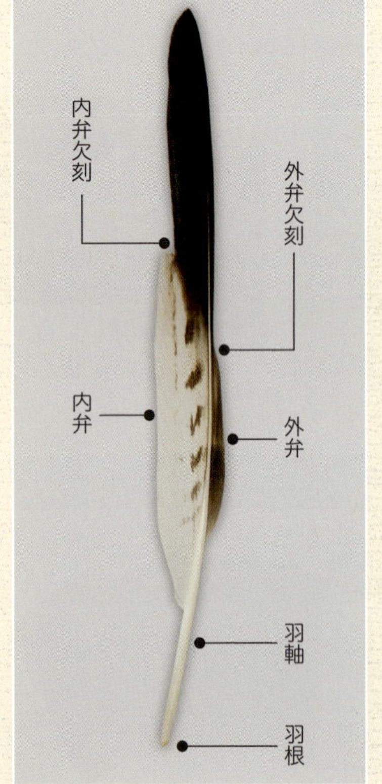

写真1

写真2

羽や尾羽はずっと大きくて頑丈にできています。羽の落とし主を推理する時、生えている部位がはっきりしている風切羽や尾羽は重要な手がかりになります。

羽は、羽軸から左右に羽枝の列が伸び、さらにそれぞれの羽枝から小羽枝が伸びています。小羽枝にはかぎ状の突起が無数にあって一種のファスナーのように互いに絡み合って羽弁を形成します。羽弁は、前の羽の上に重なる部分を外弁、後ろの羽の下に潜り込む部分を内弁と言います。さらに初列風切には、翼端の空気抵抗を抑えるため、外弁の前縁に外弁欠刻、内弁の後縁に内弁欠刻という段が付いています。この欠刻の位置は初列風切が生えている場所によって違うので羽を並べる際の手がかりとなります(写真1)。

落ちている羽の中から風切羽と尾羽をざっと拾ってみてください。風切羽や尾羽は体羽と比べて羽軸が太く、長くて大きな形の羽なのですぐにわかります。さらに風切羽と尾羽に選り分けてみましょう。風切羽と尾羽は平らな場所に置いてみると簡単に見分けられます。風切羽は、羽軸に反りがあるので外弁側に傾いて内弁が平面から浮き上がります。尾羽は、羽軸に反りが無いので外弁と内弁の両方が平面に接触します(写真2)。次に風切羽を初列、次列、三列に分けます。風切羽は、羽軸の曲がり方の違いでわかります。羽軸の曲がり方の小さい方が初列風切。曲がり方の大きい方が次列、三列風切になります(写真3)。通常、三列風切は次列風切よりも小さく、羽縁が体羽に似ています。

写真3

風切羽や尾羽の枚数は野鳥の種類によって違います。代表的なスズメ目の野鳥では、初列風切が10枚、次列風切が6枚、三列風切が3枚、尾羽は片側が6枚です。初列風切は掌骨と第二指骨に付着している羽で、胴体に近い方から翼の先端に向かって順にP1、P2 … P9、P10と番号が付いています。ただし、日本産の野鳥の中にはP10がほとんど認められないくらい小さいものもいます。次列・三列風切は尺骨に付着している羽で、P1の隣に位置している最も外側の次列風切から胴体の方に向かって順にS1、S2…S5、S6、胴体に近い3枚を三列風切として区別しない場合はS7、S8、S9と番号が付いています（**写真4**）。尾羽は、中央の一対を中央尾羽、その他を外側尾羽と呼びます。中央尾羽から外側に向かって順にT1、T2 … T5、T6と番号が付いています（**写真5**）。

さて、バラバラになっている風切羽と尾羽を生えていた順に並べてみま

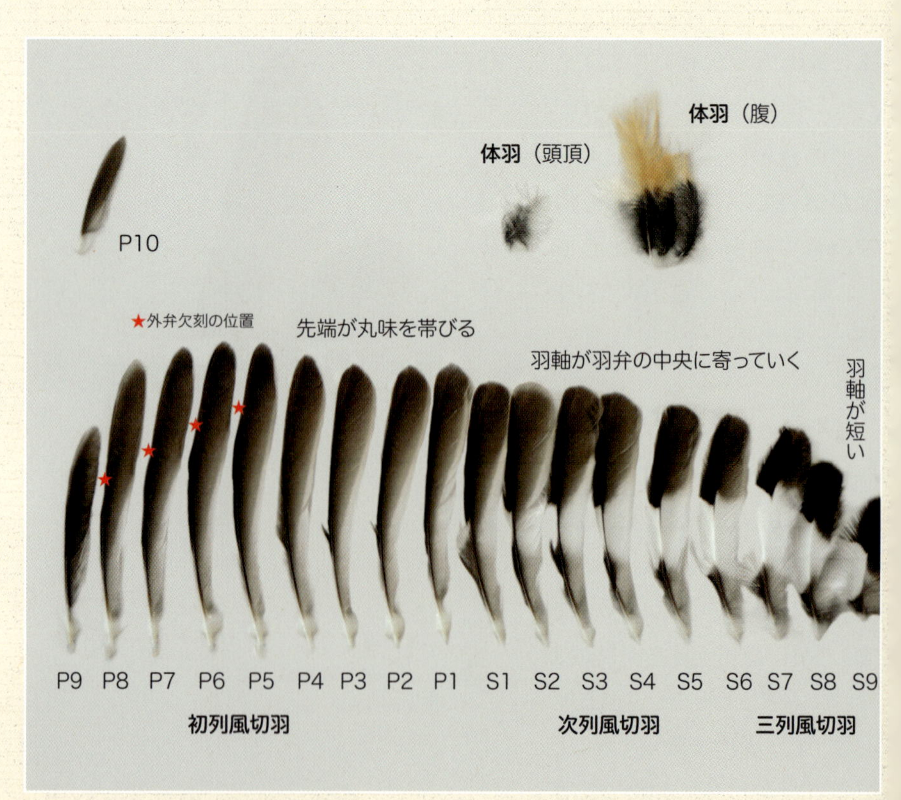

写真4　ジョウビタキ♂風切羽

しょう。初列風切は、羽軸を中心として外弁と内弁の幅が極端な非対称になっています。外弁の狭い順に並べてみます。外弁の幅が一番狭くて外弁欠刻がない羽がP9です。外弁欠刻が根元の方にある羽はP8、中ほどにある羽はP7、P6、先の方にある羽はP5です。P4からP1には外弁欠刻が無く長さは同じくらいですが、羽の先端が次第に丸味を帯び、羽軸の位置も中央に寄っていきます。

次列風切は、羽の先端の丸味が次第に角ばり、羽軸の位置も更に中央に寄っていきます。S7では外弁と内弁の幅がほぼ同じぐらいになります。三列風切は羽軸の長さが急に短くなります(**写真4**)。

尾羽は、中央尾羽から外側へ向かうにつれて羽軸の位置が中央から外側に寄っていき、外弁と内弁の幅が非対称になっていきます。また、中央尾羽一対は色や模様が外側尾羽とは異なる場合が多いです(**写真5**)。

写真5 ツバメ♂尾羽

標本作りの手順

拾った羽は、今まで観察されていなかった野鳥が生息していた痕跡ですから貴重な資料かもしれません。ぜひ標本にしてみてください。標本にしておけば30年以上も保存が可能になります。

❶ 汚れ落とし
羽の表面に泥や枯草の破片などが付着している場合は事前に水洗いし、固形物はピンセットや歯ブラシなどで落としておきます。

❷ 脂落とし
鳥類は羽繕いの際、腰の辺りにある油脂腺から出る脂を羽に塗って防水しています。この脂を落としておかないと羽にカビが生えたり、寄生虫が付いたりします。中性洗剤を薄めたぬるま湯にしばらく浸して脂成分を落とします。

❸ 水洗い
中性洗剤を流水で洗い流します。

❹ 乾燥
水洗いした羽を新聞紙などに挟んで1日ほど乾燥します。

❺ 台紙に貼る
羽が乾いたら絵具筆などで羽の形を整えます。硬めの台紙に羽が生えていた順に並べ、羽軸の根元を接着材で止めます。接着材は乾いたときに透明か半透明になるものがおすすめです。

❻ 採取地を記録する
接着剤が乾いたら採取日、場所、種名、羽の位置などの情報を記載し、クリアブックに入れて保管します。

羽標本の一例

キジ♂

翼鏡は紺緑色でマガモに比べて大きい、
マガモの次列風切羽によく似ているが、
先端の白斑がマガモより細い
体羽
初列風切羽
次列風切羽
P10
0
5cm

カルガモ

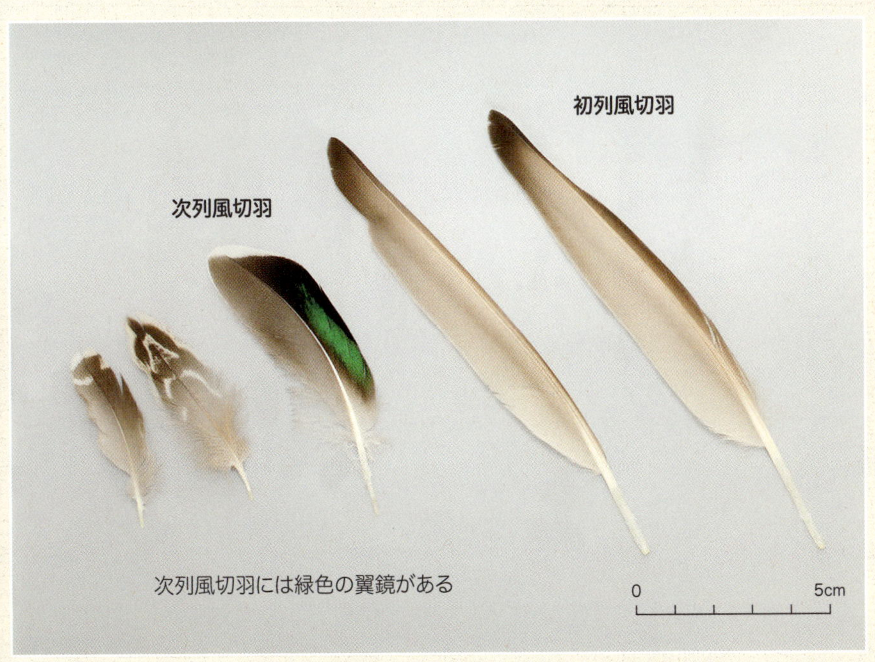
初列風切羽
次列風切羽
次列風切羽には緑色の翼鏡がある
0
5cm

コガモ

尾羽
次列風切羽
初列風切羽
アカゲラの羽に似るが
格子模様が羽の先まである
0
5cm

ヤマセミ

初列風切羽
次列風切羽
尾羽（羽軸が固い）
ヤマセミより羽が小さい
0
5cm

アカゲラ

初列風切羽
次列風切羽
尾羽
次列風切羽の外弁に白→青→黒のグラディエーションがある
0
5cm

カケス

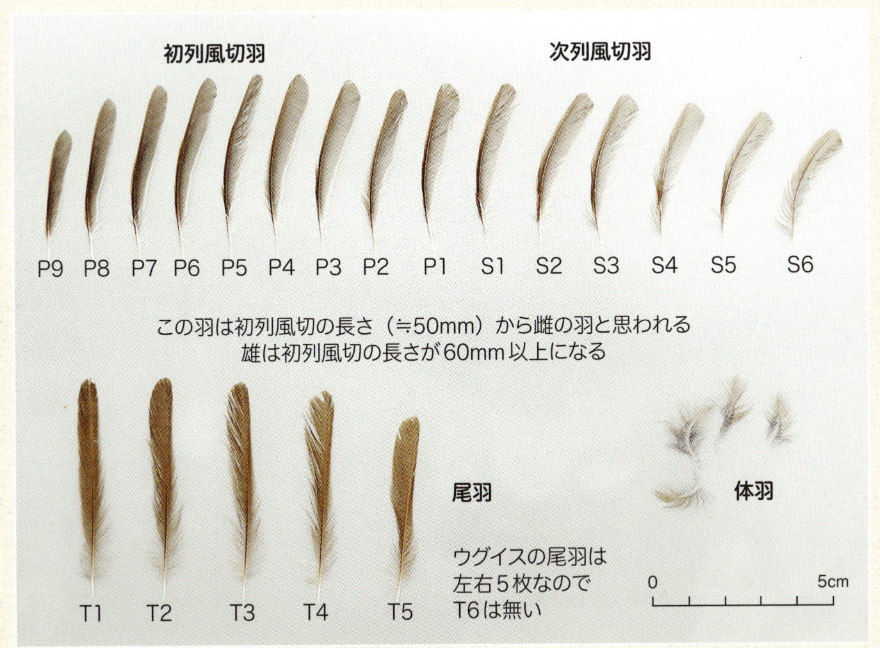
初列風切羽
次列風切羽
P9 P8 P7 P6 P5 P4 P3 P2 P1 S1 S2 S3 S4 S5 S6
この羽は初列風切の長さ（≒50mm）から雌の羽と思われる
雄は初列風切の長さが60mm 以上になる
T1 T2 T3 T4 T5
尾羽
ウグイスの尾羽は
左右５枚なので
T6は無い
体羽
0
5cm

ウグイス

体羽
初列風切羽
次列風切羽
尾羽
横縞模様がある
0
5cm
オオタカ♀

初列風切羽の外弁欠刻と内弁欠刻を結んだ線から
先が黒くなっている。そのため、帆翔時に
翼先が黒く見える
P8
初列風切羽
P6
次列風切羽
0
5cm
ノスリ

フクロウ類の風切羽表面には細かい産毛のようなものがあり、羽ばたき音を消す役目をしている
初列風切羽
P4
羽面
体羽（胸）
0
5cm

フクロウ

初列風切羽前縁のセレーションは翼表面の気流を整え、風切音を消す役目をする
セレーション
体羽
初列風切羽
0
5cm
トラフズクのセレーション

トラフズク

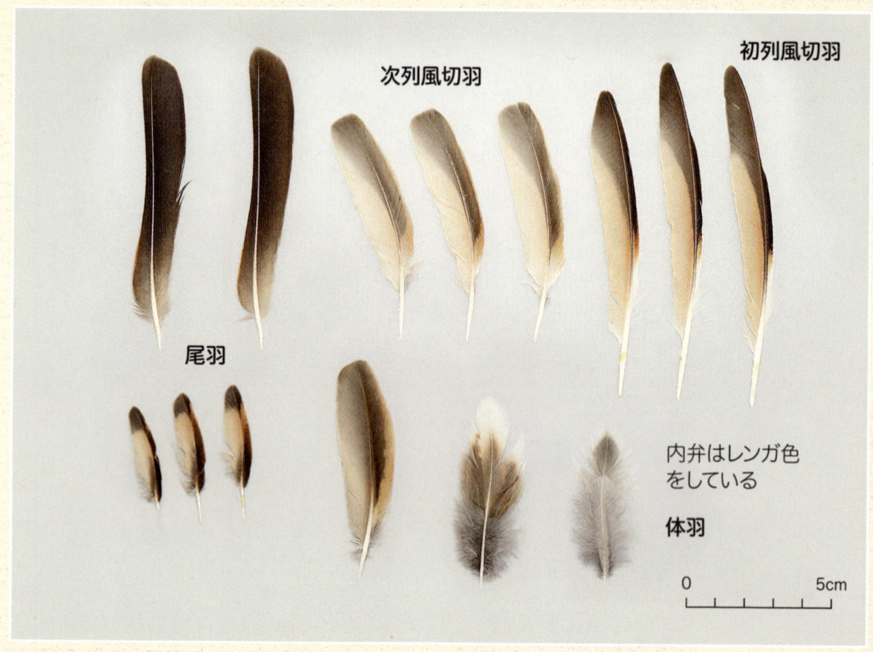
次列風切羽
初列風切羽
尾羽
内弁はレンガ色
をしている
体羽
0
5cm

ツグミ♂

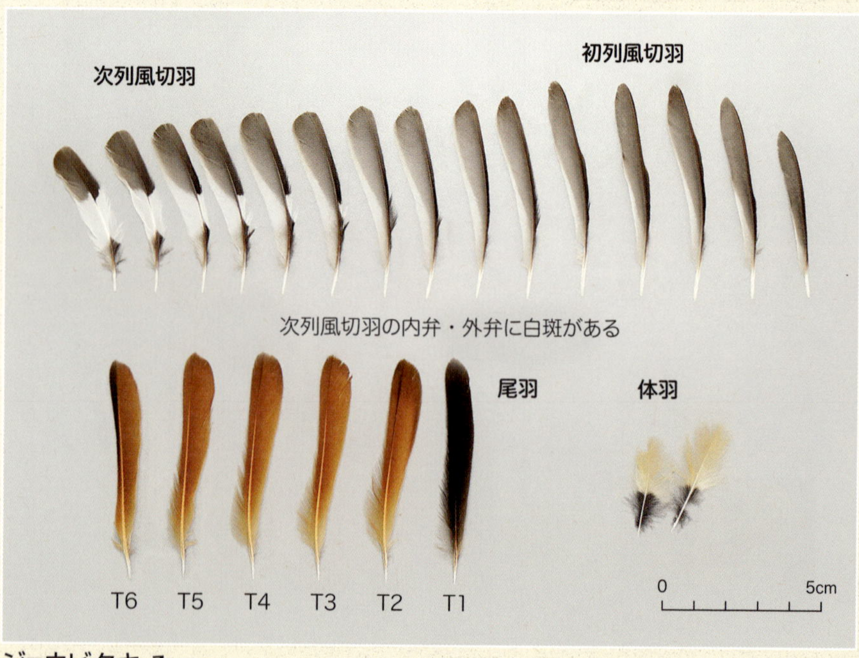
次列風切羽
初列風切羽
次列風切羽の内弁・外弁に白斑がある
尾羽
体羽
T6
T5
T4
T3
T2
T1
0
5cm

ジョウビタキ♂

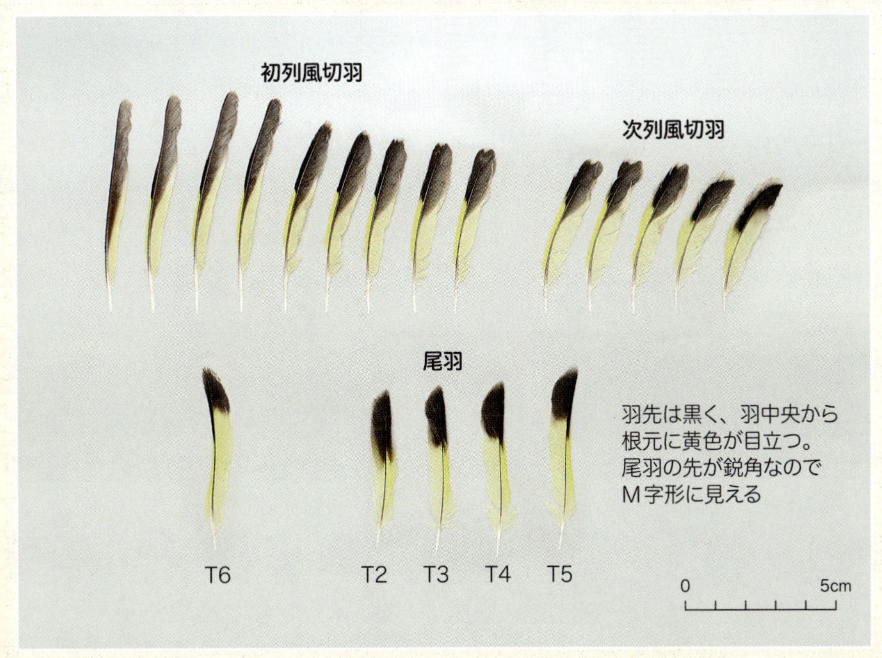
初列風切羽
次列風切羽
尾羽
羽先は黒く、羽中央から
根元に黄色が目立つ。
尾羽の先が鋭角なので
M字形に見える
T6
T2
T3
T4
T5
0
5cm

カワラヒワ♂

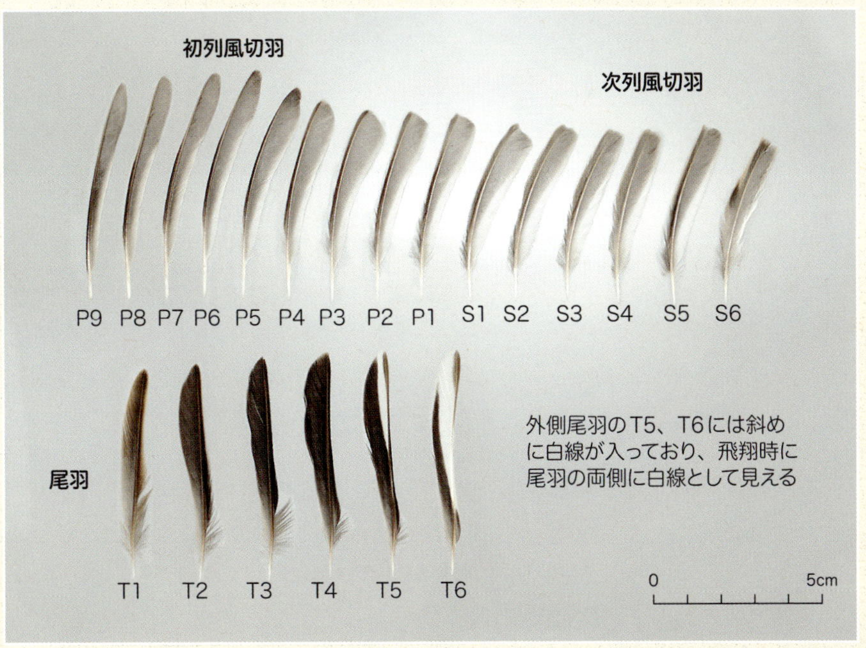
初列風切羽
次列風切羽
P9
P8
P7
P6
P5
P4
P3
P2
P1
S1
S2
S3
S4
S5
S6
尾羽
外側尾羽のT5、T6には斜め
に白線が入っており、飛翔時に
尾羽の両側に白線として見える
T1
T2
T3
T4
T5
T6
0
5cm

カシラダカ

日本野鳥の会とは

日本野鳥の会は1934年に創設された自然保護団体です。自然と人間が共存する豊かな社会の実現を目指し、野鳥や自然のすばらしさを伝えながら自然保護を進めています。会員・サポーター数は約5万人。資格や年齢制限はなく、どなたでもご入会いただけます。あなたも自然を守る仲間になりませんか。

探鳥会に行ってみよう

探鳥会は日本野鳥の会の支部が主催している、バードウォッチング・イベントです。全国各地で、週末を中心に年間約3,000回開催されています。野鳥や自然に詳しいリーダーが、親切にバードウォッチングのコツを教えてくれるので、初めての方でも安心! どうぞお気軽にご参加ください。

探鳥会情報はこちら　http://www.wbsj.org/about-us/group/tanchokai/

(公財)日本野鳥の会

〒141-0031 東京都品川区西五反田3-9-23丸和ビル

TEL. 03-5436-2620　FAX. 03-5436-2635　http://www.wbsj.org

日本野鳥の会栃木

日本野鳥の会栃木は、栃木県野鳥愛好会を前身に、1968年（昭和43）に結成されました。結成当時は、会員20名前後の野鳥愛好家の小さな集まりでしたが、現在では、会員約1,000名を有する県内でも最大の自然保護・自然愛好団体になりました。

「野鳥を通して自然に親しみ、野鳥と私たちが安心してすめるように考え、行動する」ことを会の理念とし、年間約160回の探鳥会（バードウォッチング）をはじめとした、さまざまな事業を行っています。

日本野鳥の会栃木は、探鳥会などの野鳥に親しむ機会を広く提供するとともに、野鳥に関する科学的文化的知識や正しい保護の考え方を普及啓発することにより、多くの方々が自然を大切にする気持ちを持ち、人間性豊かな社会になるよう、次の事業を行っています。

1. **普及啓発活動**　探鳥会の開催など
2. **自然保護活動**　希少鳥類の保護活動や重要野鳥生息地の保護活動など
3. **調査・研究活動**　栃木県内の野鳥観察情報の収集、希少鳥類の生態調査など

会員種別と会費

2017年現在

会員種別		入会金	年会費		会報送付
			支部	本部	
支部型	普通会員（個人）	1,000円	3,000円	1,000円	支部報（年6回）
	栃木家族会員		3,500円		
	維持会員		5,000円		
	賛助会員		10,000円		
	栃木ジュニア会員（中学生以下）		1,000円		
本部型	普通会員（個人）	1,000円	0円	5,000円	本部会報（年11回）
総合会員		1,000円	支部型会費+5,000円		支部報（年6回） 本部会報（年11回）

詳細は日本野鳥の会栃木ホームページにてご確認ください。

日本野鳥の会栃木

〒320-0027 栃木県宇都宮市塙田2-5-1共生ビル2F

TEL.028-625-4051　FAX.028-627-7891　http://wbsj-tochigi.jimdo.com

とちぎの探鳥地ガイド

バードウォッチングに行こうよ！

2017年5月26日　第1刷発行

執筆者　内田孝男／遠藤孝一／川田裕美／河地辰彦
齋藤史奈／齋藤禎治／佐藤一博／椎名正男
椎名義治／高松健比古／手塚　功／遠山あずさ
皆川丈夫／山崎　晃／山崎義政／山中式夫
山火昭彦／吉沢雅宏

写真提供　古滝正光／肥塚喜弘／吉沢達子／松田　喬
さくら市ミュージアム —荒井寛方記念館—

編著　日本野鳥の会栃木

発行　有限会社 随想舎
〒320-0033 栃木県宇都宮市本町10-3 TSビル
TEL 028-616-6605　FAX 028-616-6607
振替　00360-0-36984
URL　http://www.zuisousha.co.jp/
E-Mail　info@zuisousha.co.jp

装丁デザイン　塚原英雄　　地図　ネオプロ

印刷　モリモト印刷株式会社

定価はカバーに表示してあります／乱丁・落丁はお取りかえいたします
©Wild Bird Society of Japan, Tochigi Chapter 2017 Printed in Japan ISBN978-4-88748-340-8